1 大きい数
① 大きい数

[千万を10こ集めた数を、100000000と書き、一億

1 世界の人口は、75 6000 0000 人です。(2018 年) 📖教 上13ページ**1**

40点(1つ10)

① 上の数を、下の表に書きましょう。

千	百	十	一	千	百	十	一	千	百	十	一	
			億				万					
		7	5	6	0	0	0	0	0	0	0	人

② 千万の位の数字は、何ですか。

(   )

③ いちばん左の7が書いてある位は、千万の何こ分の大きさを表していますか。

(   )

④ 上の数の読み方を、漢字で書きましょう。

(   )

2 次の□にあてはまる数やことばを書きましょう。 📖教 上14ページ▶ 40点(1つ20)

① 一億を10こ集めた数を1000000000と書き、[   ]と読みます。

② 百億を10こ集めた数は千億で、[   ]と書きます。

[千億を10こ集めた数を、1000000000000と書き、一兆と読みます。]

3 次の数は、地球からおりひめ星までのきょりです。
読み方を、漢字で書きましょう。 📖教 上15ページ**2**、16ページ**2** 20点

千	百	十	一	千	百	十	一	千	百	十	一	
			兆				億				万	
	2	3	6	5	0	0	0	0	0	0	0	

(この表の続き: 千 百 十 一 → 0 0 0 0 km)

一、十、百、千をくり返しているね。
大きな数は、一の位から、4けたごとに
区切って、万、億、兆をつけて読むよ。

(   )

1 大きい数
① 大きい数 ……(2)

1 6204850 を 10 倍、100 倍した数を下の表に書きましょう。また、6204850 を $\frac{1}{10}$ にした数を下の表に書きましょう。　📖教上17ページ❸

30点(1つ10)

千	百	十	一	千	百	十	一	千	百	十	一
	億				万						
					6	2	0	4	8	5	0

$\frac{1}{10}$　10倍　100倍　10倍

300 だったら
30 ← $\frac{1}{10}$
300
3000 → 10倍
になるね。

2 次の数を書きましょう。　📖教上17ページ❶　　10点(1つ5)

① 17億の100倍。　　　　② 46億の $\frac{1}{10}$ の数

(　　　　　　　　)　(　　　　　　　　)

3 下の数直線で、□にあてはまる数を書きましょう。　📖教上18ページ❸　40点(□1つ5)

① 0　　　　　5000万　　　　　1億

② 0　　20億　　　　　80億　　100億

③ 0　　2000億　　　　　1兆

⚠ミスに注意!

4 次の2つの数の大小を、不等号を使って表しましょう。　📖教上18ページ❹

20点(1つ10)

① 140238000 □ 141038000

② 875600000 □ 97560000

時間 15分 ｜ 合かく 80点 ｜ ／100

月　　日

サクッと
こたえ
あわせ

答え 81 ページ

1 大きい数

② 整数のしくみ

［どんな大きさの整数でも０から９までの １０ この数字で書き表せます。］

よく 読んで！

1 ０から９までの数字をそれぞれ１回ずつ使って、１０けたの数を作ります。

📖教上19ページ❶　20点（1つ10）

① いちばん大きい数を作りましょう。

（　　　　　　　　　　　）

② いちばん小さい数を作りましょう。

（　　　　　　　　　　　）

［数は、位が１つ左へ進むごとに、１０倍になるしくみになっています。］

2 50 7300 0000 0000 について、□ にあてはまる数を書きましょう。

📖教上19ページ▶　60点（全部できて1つ20）

10倍

十	一	千	百	十	一	千	百	十	一	千	百	十	一
	兆			億				万					
5	0	7	3	0	0	0	0	0	0	0	0	0	0

① １兆を □ こと、１億を □ こ合わせた数です。

② １０兆を □ こと、１０００億を □ こと、１００億を □

こ合わせた数です。

③ １億を □ こ集めた数です。

3 次の数を数字で書きましょう。　📖教上19ページ▶　20点（1つ10）

① １００兆を５こと、１０億を９こと、１００万を３こ合わせた数。

（　　　　　　　　　　　）

② １億を ３１５００ こ集めた数。

（　　　　　　　　　　　）

きほんの ドリル ➤ 4。

1 大きい数
③ 大きい数の計算

時間 15分 ｜ 合かく 80点 ／100 ｜ 月 日

サクッと こたえ あわせ ｜ 答え 81ページ

1 えい子さんの市で、公園をつくっています。土地代に 1400000000 円、公園に植える植物に 4100000000 円かかります。 📖教上20ページ❶　40点

① 土地と植物の代金は、合わせて何円ですか。次の⑤と⑤の □ にあてはまる数やことばを書き、それぞれ答えを求めましょう。 20点(□1つ5)

⑤　式　1400000000+ ⬚

　　　　　　　　　　　　　　答え ⬚ 円

⑤　式　⬚ +41億　　　　答え ⬚ 円

② 土地と植物の代金のちがいは、何円ですか。式を漢字で書いて答えを求めましょう。 20点(式10・答え10)

式　　　　　　　　　　　答え （　　　　　　　　　）

[たし算の答えを和、ひき算の答えを差といいます。]

2 次の和や差を求めましょう。 📖教上20ページ❶　20点(1つ5)

① 76億と49億の和 （　　　　　） ② 408兆＋395兆 （　　　　　）

③ 82万と38万の差 （　　　　　） ④ 627億－214億 （　　　　　）

3 つかささんの市の図書館では、本を買う予算が毎月 320000 円あります。この 320000 円を 4 等分した 1 つ分が、子ども用の本にあてられています。子ども用の本の毎月の予算は何円ですか。式を漢字で書いて答えを求めましょう。 📖教上21ページ❷　20点(式10・答え10)

式　　　　　　　　　　　答え （　　　　　　　　　）

[かけ算の答えを積、わり算の答えを商といいます。]

4 次の積や商を求めましょう。 📖教上21ページ❸　20点(1つ5)

① 356億×2 （　　　　　） ② 624兆×10 （　　　　　）

③ 720万÷8 （　　　　　） ④ 460億÷10 （　　　　　）

教科書 📖 上20〜21ページ

2 折れ線グラフ

① 折れ線グラフ

1 下のグラフは、那覇市と仙台市の月別気温を表したものです。次の問題に答えましょう。　📖教 上26〜27ページ**1**、28〜29ページ**2**　100点（全部できて1つ20）

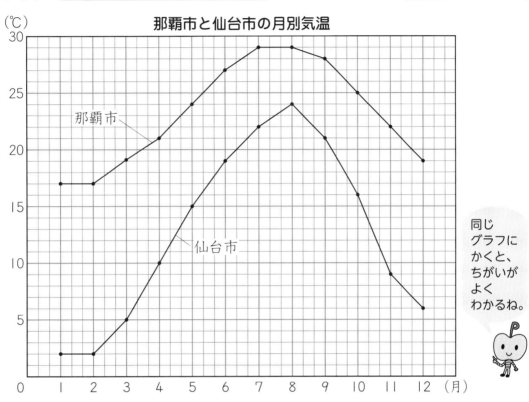

那覇市と仙台市の月別気温

那覇市

仙台市

同じ
グラフに
かくと、
ちがいが
よく
わかるね。

① 横のじくとたてのじくは、それぞれ何を表しているでしょうか。

横のじく （　　　　　　　）　たてのじく （　　　　　　　　）

② 那覇市の5月の気温は何℃ですか。　（　　　　　　　）℃

③ 仙台市の気温が5℃なのは、何月ですか。　（　　　　　　　）月

④ 気温がもっとも高いのは、どちらの市で、何℃ですか。

（　　　　　　　）市で、（　　　　　　　）℃

⑤ 気温の変わり方がいちばん大きいのは、どちらの市の、何月から何月の間ですか。

（　　　　　）市の（　　　　　）月から（　　　　　）月の間。

時間 15分 | 合かく 80点 | /100

月　日

サクッと
こたえ
あわせ

答え **81**ページ

2 折れ線グラフ

② 折れ線グラフのかき方／③ 折れ線グラフのくふう

❶ 次の表は、まさるさんが、気温の変わり方を調べたものです。□にあてはまる数やことばを書きましょう。　📖教上30ページ❶、32ページ❶　100点(□1つ10)

気温の変わり方（9月9日調べ）

時こく（時）	午前9	10	11	12	午後1	2	3	4	5
気温（℃）	24.2	24.7	25.6	26.6	28.0	27.7	27.6	27.4	26.5

●上の表を、次の折れ線グラフのかき方にそって、グラフに表しました。

① 横のじくとたてのじくの □□□ を書きます。

② □□□ のじくに、調べた時こくを、同じ間をあけて書きます。

③ □□□ のじくに、最高気温の28.0℃が表せるように、目もりをつけます。

④ 表を見て、□□□ をうちます。

⑤ 点と点を □□□ で結びます。

⑥ グラフの上に □□□ を書きます。

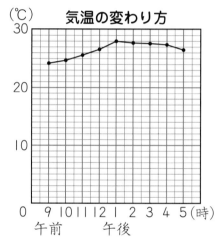

●上のグラフを、気温の変わり方がよくわかるように、右のグラフにかきなおしました。

⑦ 1度は、上のグラフでは □□□ 目もり分で、下のグラフでは □□□ 目もり分です。

⑧ 午前9時から午前11時までの間に、気温は □□□ ℃上がりました。

⑨ 気温の変わり方がいちばん □□□ のは、午前12時から午後1時の間です。

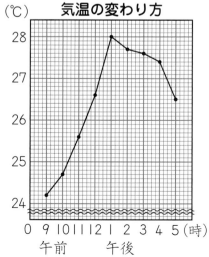

教科書 📖 **上30〜32ページ**

3 わり算
① わり算のきまり

[わり算では、わられる数とわる数に同じ数をかけて計算しても、商は変わりません。また、わられる数とわる数を同じ数でわって計算しても、商は変わりません。]

❶ わり算のきまりを使って、□にあてはまる数を求めましょう。

📖教上39〜40ページ❶ 40点(□1つ5)

①
$$6 \div 3 = 2$$
$$\downarrow \times [3] \quad \downarrow \times [3]$$
$$18 \div 9 = 2$$

②
$$8 \div 2 = 4$$
$$\downarrow \times \square \quad \downarrow \times \square$$
$$32 \div 8 = 4$$

③
$$24 \div 6 = 4$$
$$\downarrow \div \square \quad \downarrow \div \square$$
$$8 \div 2 = 4$$

④
$$25 \div 5 = 5$$
$$\downarrow \div \square \quad \downarrow \div \square$$
$$5 \div 1 = 5$$

❷ わり算のきまりを使って、□にあてはまる数を求めましょう。

📖教上40ページ▶ 20点(1つ10)

① $90 \div 18 = 10 \div \boxed{}$

② $200 \div 25 = \boxed{} \div 100$

❸ わり算のきまりを使って、□にあてはまる数を求めましょう。

📖教上41ページ❷、42ページ▶ 40点(□1つ5)

[わり算では、わる数を□倍すると、商は□でわった数になります。また、わる数を□でわると、商は□倍になります。]

①
$$16 \div 2 = 8$$
$$\downarrow \times \square \quad \downarrow \div \square$$
$$16 \div 4 = 4$$

②
$$32 \div 8 = 4$$
$$\downarrow \div \square \quad \downarrow \times \square$$
$$32 \div 2 = 16$$

[わり算では、わられる数を□倍すると、商も□倍になります。また、わられる数を□でわると、商も□でわった数になります。]

③
$$4 \div 2 = 2$$
$$\downarrow \times \square \quad \downarrow \times \square$$
$$12 \div 2 = 6$$

④
$$16 \div 4 = 4$$
$$\downarrow \div \square \quad \downarrow \div \square$$
$$8 \div 4 = 2$$

きほんの
ドリル

サクッと
こたえ
あわせ
答え 82ページ

時間 15分 ｜ 合かく 80点 ｜ /100 ｜ 月　日

3 わり算
② 何十、何百のわり算

[何十、何百のわり算では、10や100を1つ分として考えます。]

❶ 80まいの色紙を4人で同じ数ずつ分けます。1人分は、何まいになりますか。

 30点(①・②式全部できて10、③10)

① 式を書きましょう。

式　　全部の数 [　　] ÷ 人数 [　　]

② 10まいのたばの数で考えて、式を書きましょう。

式　　10まいのたばの数 [　　] ÷ 人数 [　　]　 | 10 | 10 | 10 | 10 | 10 | 10 | 10 | 10 |

③ 1人分のまい数を求めましょう。

（　　　　　　　）

❷ 900まいの折り紙を3人で同じ数ずつ分けます。1人分は、何まいになりますか。　教上43ページ❶　30点(式15・答え15)

| 100 | 100 | 100 | 100 | 100 | 100 | 100 | 100 | 100 |

式

答え（　　　　　　　）

❸ 次の計算をしましょう。　教上43ページ❷　40点(1つ10)

① 40÷2

② 120÷4

③ 600÷3

④ 2400÷6

4 **角**
① 角の大きさ／② 回転の角の大きさ
③ 角のはかり方

❶ □ にあてはまることばを書きましょう。

📖教上47ページ❶、48〜49ページ❶、50ページ❶　30点(□1つ10)

・角を作っている辺_{へん}の開きぐあいを、角の大きさまたは角度といいます。

・直角の1つ分の角の大きさを、1 □ といいます。

・4直角の角を1 □ の角、2直角の角を半回転の角といいます。

・1回転した角を360等分した1つ分の角の大きさを、1 □ といい、

1°と書きます。1直角＝90°、4直角＝360°です。

❷ 次の角度をはかりましょう。　📖教上51ページ❷、❸、52ページ❷、▶、53ページ❷

20点(1つ10)

①

②

分度器_{ぶんどき}を
使うと正しく
はかれるね。

(　　　　　)　　　　　(　　　　　)

❸ 180°より大きい角をはかりましょう。　📖教上53〜54ページ❸、▶　20点(1つ10)

①　　　　　　　　　　　　②

(　　　　　)　　　　　(　　　　　)

❹ ⑦〜⑨の角度を求_{もと}めましょう。　📖教上54ページ❷　30点(1つ10)

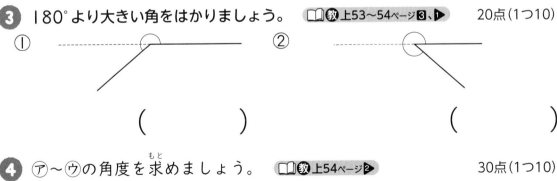

⑦ ⑦ 70° ⑨

⑦ (　　　　　)

⑦ (　　　　　)

⑨ (　　　　　)

きほんの
ドリル
10。

時間 15分　合かく 80点 /100

月　日

サクッと
こたえ
あわせ

答え 82ページ

4 角
④ 角のかき方

60°の大きさの角のかき方

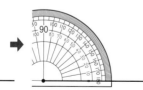 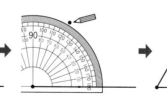

角の頂点になるところに点をうち、そこから1つの辺を引く。

分度器の中心を角の頂点に合わせ、0°の線を、角の1つの辺に合わせる。

60°の目もりのところに点を打つ。

頂点と打った点を通る直線を引く。

1 次の大きさの角をかきましょう。　📖教上55ページ❶、▶、❷　80点(1つ20)

① 45°

② 140°

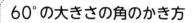

③ 255°

④ 330°

2 右のような三角形をかきましょう。　📖教上56ページ❸、57ページ❹　20点

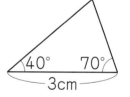

40°　70°
3cm

教科書 📖 上55〜57ページ

4 角

⑤ 三角じょうぎの角

[三角じょうぎの角の大きさは、きまっています。]

1 三角じょうぎの角の大きさをはかりましょう。　📖教 上58ページ**1❶**

60点(□1つ10)

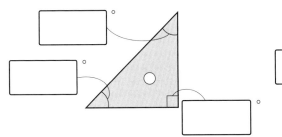

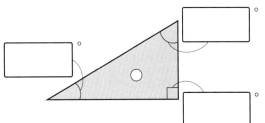

2 三角じょうぎを、次のように組み合わせて、角を作りました。⑦～⑤の角の大きさは、それぞれ何度ですか。　📖教 上58ページ**1❷**　40点(1つ10)

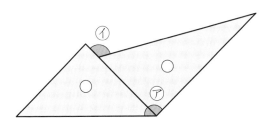

⑦ (　　　　　)

⑦ (　　　　　)

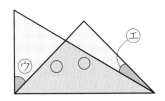

⑦ (　　　　　)

⑦ (　　　　　)

サクッと
こたえ
あわせ
答え 82ページ

5　（2けた）÷（1けた）の計算

1 えんぴつ 72 本を、4人で等しく分けます。1人分は、何本になりますか。

📖教 上63〜65ページ **1**　　80点（①全部できて10、②□1つ10）

① 式を書きましょう。

式　|全部の数| ÷ |人数|

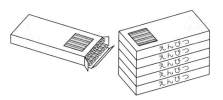

② ①の計算をしましょう。□にあてはまる数を書きましょう。

72 を2つの数に分けます。

$$72 = 40 + \boxed{⑦}$$

40 本を4人に分けます。

$$40 \div 4 = 10$$

残りの $\boxed{①}$ 本を4人に分けます。

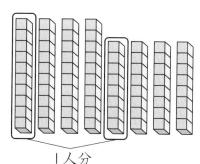

1人分

$$\boxed{⑦} \div 4 = \boxed{①}$$

合わせて、

$$10 + \boxed{⑦} = \boxed{⑦}$$

ほかにも
いろいろな計算の
しかたが考えら
れますね。

答え $\boxed{⑦}$ 本

よく読んで!

2 96 ページの本を8日で読み終えるには、1日に何ページずつ読めばよいですか。　📖教 上63〜65ページ **1**　　20点（式10・答え10）

式　|全部の数| ÷ |日数| = | |

答え（　　　　　　　　　）

教科書 📖 上62〜65ページ

きほんの
ドリル
13。

6　1けたでわるわり算
① 商が1けたのわり算

[あまりのあるわり算の答えは、商とあまりになります。]

58÷9 の筆算のしかた

58の一の位の上に、答えの6を書く。

「九六 54」の 54 を、58 の下に位をそろえて書く。

58から54をひく。あまりは4。

あまりの4が、わる数の9より小さいことをたしかめよう。

1 次の筆算をしましょう。　教 上66〜67ページ❶　　60点(1つ10)

① 4)23　② 7)50　③ 5)8

④ 6)48　⑤ 9)63　⑥ 3)9

2 次の筆算をしましょう。また、答えのたしかめをしましょう。
教 上67ページ❶、❷　40点(筆算10・たしかめ全部できて10)

① 8)64　② 7)38

たしかめ
わる数 商 わられる数
8×□=64

たしかめ
わる数 商 あまり わられる数
7×□+□=38

教科書 上66〜67ページ

13

時間 15分 | 合かく 80点 | /100 | 月　日

サクッと こたえ あわせ

答え 83ページ

6　1けたでわるわり算
② 商が2けたのわり算

1 次の筆算をしましょう。　📖教上68〜70ページ▶　　　60点(1つ10)

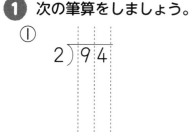

① 2)94

② 3)75

③ 6)84

④ 7)84

⑤ 5)75

⑥ 4)96

2 37このりんごを、3こずつふくろにつめると、何ふくろできて、何こあまりますか。　📖教上71ページ❸　　10点(式5・答え5)

式

答え　（　　　　　　　　　　　　　）

3 次の筆算をしましょう。また、答えのたしかめもしましょう。
　📖教上71ページ▶、72ページ❹、▶　30点(筆算1つ5・たしかめ1つ5)

① 6)85

② 2)63

③ 4)83

たしかめ
（　　　　　）

たしかめ
（　　　　　）

たしかめ
（　　　　　）

教科書 📖 上68〜72ページ

サクッと
こたえ
あわせ

答え 83ページ

6　1けたでわるわり算
③　(3けた)÷(1けた)の計算

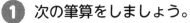

わられる数が3けたになっても、2けたのわり算と同じように、大きい位から順に計算します。

1 次の筆算をしましょう。　📖教上73〜74ページ▶　　　60点(1つ10)

①　　　　　　　　②　　　　　　　　③

$2\overline{)648}$　　　　$3\overline{)396}$　　　　$4\overline{)884}$

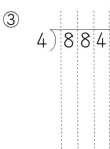

④　　　　　　　　⑤　　　　　　　　⑥

$4\overline{)776}$　　　　$5\overline{)675}$　　　　$6\overline{)912}$

2 931このおはじきを、7人で同じ数ずつ分けます。1人分は何こになりますか。　📖教上73ページ**1**、73〜74ページ▶　　20点(式10・答え10)

式

答え（　　　　　　　　）

3 次の筆算をしましょう。　📖教上75ページ**2**、▶　　20点(1つ10)

①　　　　　　　　　　②

$2\overline{)480}$　　　　　　$9\overline{)946}$

たてる→かける→ひく
→おろす
をくり返せばいいよ。

教科書📖 上73〜75ページ

6　１けたでわるわり算
④　（3けた）÷（1けた）＝（2けた）の計算

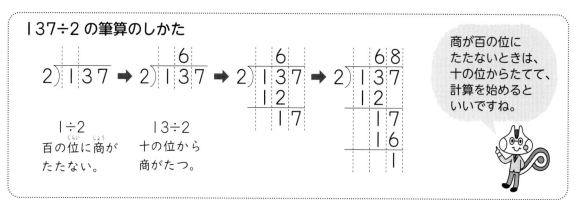

137÷2 の筆算のしかた

$$2)\overline{137} → 2)\overline{137} → 2)\overline{137} → 2)\overline{137}$$

1÷2
百の位に商が
たたない。

13÷2
十の位から
商がたつ。

商が百の位に
たたないときは、
十の位からたてて、
計算を始めると
いいですね。

1 次の筆算をしましょう。また、⑤〜⑦は答えのたしかめもしましょう。

📖教上76ページ❶、▶　　100点（筆算1つ10・たしかめ1つ10）

①
$$5)\overline{235}$$

②
$$8)\overline{632}$$

③
$$4)\overline{324}$$

④
$$7)\overline{301}$$

⑤
$$3)\overline{170}$$

たしかめ
（　　　　　　　　）

⑥
$$6)\overline{238}$$

⑦
$$7)\overline{603}$$

たしかめ
（　　　　　　　　）

たしかめ
（　　　　　　　　）

教科書 📖 上76ページ

まとめのドリル 17。

6 1けたでわるわり算

 時間 15分 | **合かく** 80点 ／100 | 月 日

 サクッとこたえあわせ
答え 84ページ

1 次の計算をしましょう。　　　　　　　　　　　　　20点(1つ5)

① 60÷2　　　　　　　　　② 40÷4

③ 800÷4　　　　　　　　④ 900÷9

2 次の筆算をしましょう。　　　　　　　　　　　　　60点(1つ5)

①
4)38

②
6)47

③
3)51

④
5)83

⑤
6)762

⑥
3)817

⑦
2)166

⑧
7)325

⑨
4)923

⑩
5)450

⑪
6)642

⑫
8)843

3 花が746本あります。この花を6本ずつの花たばにします。花たばは何たばできて、花は何本あまりますか。　　　　　　20点(式10・答え10)

式

答え（　　　　　　　　　　　　　）

教科書 上66〜78ページ

17

時間 15分　合かく 80点 ／100　月　日

サクッと
こたえ
あわせ
答え 84ページ

7　しりょうの整理
① 表の整理

❶ 次の表は、ゆうじさんのクラスの３か月の間にけがをした人の記録（きろく）を調べたもの です。下の問題に答えましょう。　📖教上80〜81ページ❶、❷

けがをした人の記録

名前	場　所	けがの種類（しゅるい）	名前	場　所	けがの種類
林	体育館	すりきず	森田	運動場	すりきず
中村	ろうか	打 ぼ く	小林	教　室	切りきず
田中	運動場	ね ん ざ	大石	体育館	ね ん ざ
山田	教　室	切りきず	木村	体育館	すりきず
小川	運動場	すりきず	前川	運動場	すりきず
田村	体育館	切りきず	山本	体育館	打 ぼ く

① どのような場所でけがをしているのか、また、どのような種類のけが をしているのかを、表に書きましょう。　50点(1だん5)

けがをした場所別（べつ）人数

けがをした場所	人数（人）
体育館	
ろうか	
運動場	
教　室	
合　計	

けがの種類別人数

けがの種類	人数（人）
すりきず	
打 ぼ く	
ね ん ざ	
切りきず	
合　計	

② けがをした場所とけがの種類の２つに目をつけて、表を作りましょう。　25点(種類1列5)

けがをした場所とけがの種類
（人）

場所＼種類	すりきず	打ぼく	ねんざ	切りきず	合計
体育館					
ろうか					
運動場					
教　室					
合　計					

③ どこで起きたどんなけががいちばん多いですか。　25点

(　　　　　　　　　　　　)

教科書 📖 上79〜81ページ

7　しりょうの整理
②　しりょうの整理

1 右の表は、けい子さんのクラスの先
週と今週の図書館の本の利用のようす
を調べたものです。

表を見て、次の問題に答えましょう。

📖教 上82ページ❶

40点(1つ5、①は空らん1つ5)

		先　週		合計
		借りた	借りていない	
今週	借りた	12	10	22
	借りていない	8	4	⑦
	合　計	④	⑦	⑨

(人)

①　表のあいているところに、人
数を書き入れましょう。

②　今週だけ本を借りた人は、何人ですか。　　　　（　　　　　）

③　先週も今週も本を借りた人は、何人ですか。　　（　　　　　）

④　先週本を借りた人は、何人ですか。　　　　　　（　　　　　）

⑤　けい子さんのクラスは、全部で何人ですか。　　（　　　　　）

`よく読んで！`

2 たかしさんのクラスで、犬やねこをかっているかどうかを調べると、次
のようになりました。クラスの人数は、29人です。下の表に、人数を書
き入れましょう。　　📖教 上82ページ❶　　　　60点(1だん20)

```
犬をかっている人　　　　14人
ねこをかっている人　　　12人
どちらもかっていない人　 7人
```

(人)

		犬		合　計
		かっている	かっていない	
ねこ	かっている			
	かっていない			
	合　計			

8　2けたでわるわり算

① 何十でわるわり算

1 次の □ にあてはまる数を書きましょう。　📖教上89ページ**1**、90ページ**2**

30点(□1つ10)

60÷30 の計算のしかた

・10 のまとまりで考えると、

$\boxed{/10}\boxed{/10}\boxed{/10}\boxed{/10}\boxed{/10}\boxed{/10}$

6÷3=□

100÷30 の計算のしかた

・10 のまとまりで考えると、

$\boxed{/10}\boxed{/10}\boxed{/10}$ | $\boxed{/10}\boxed{/10}\boxed{/10}$
$\boxed{/10}\boxed{/10}\boxed{/10}$ | $\boxed{/10}$

10÷3=3 あまり 1

10 のまとまりが 1 つあまる
ので、

100÷30=□ あまり □

あまりの数に気をつけましょう。

2 次の計算をしましょう。　📖教上89ページ▶、90ページ**2**　　　70点(1つ10)

① 40÷40

② 300÷50

③ 280÷70

④ 60÷40

⑤ 210÷40

⑥ 340÷60

⑦ 550÷80

きほんの
ドリル
21

サクッと
こたえ
あわせ
答え 85ページ

8　2けたでわるわり算
② 2けたでわるわり算（1）　……（1）

❶ 次の計算をしましょう。　📖教上91ページ❶、▶　30点(1つ10)

①
$43\overline{)86}$

②
$31\overline{)62}$

③
$14\overline{)29}$

❷ 92÷33 の筆算のしかたを考えましょう。次の□にあてはまることばを書きましょう。　📖教上92ページ❷、93ページ❸　10点(□1つ5)

① 90÷30 と考えて、9÷3で商の見当（けんとう）をつけます。

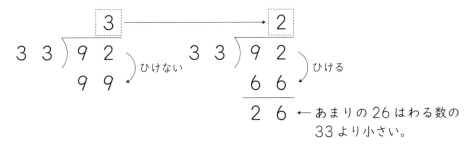

この見当をつけた商を、□といいます。

② かりの商が大きすぎたときは、かりの商を1□します。

$$33\overline{)\begin{array}{r}\boxed{3}\\92\\99\end{array}}$$ ひけない　$$33\overline{)\begin{array}{r}\boxed{2}\\92\\66\\\hline26\end{array}}$$ ひける

← あまりの 26 はわる数の 33 より小さい。

❸ 次の計算をしましょう。　📖教上92ページ▶、93ページ❷　60点(1つ10)

①
$13\overline{)59}$

②
$26\overline{)85}$

③
$36\overline{)92}$

④
$12\overline{)70}$

⑤
$29\overline{)81}$

⑥
$15\overline{)64}$

時間 15分 ｜ 合かく 80点 ／100 ｜ 月　日

サクッと
こたえ
あわせ

答え 85ページ

8　2けたでわるわり算
②　2けたでわるわり算（1）　……（2）

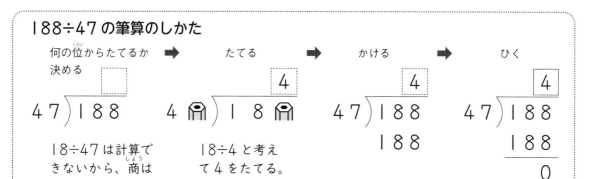

188÷47 の筆算のしかた

何の位からたてるか　➡　たてる　➡　かける　➡　ひく
決める

□　｜　4　｜　4　｜　4

47)188　4□)18□　47)188　47)188
　　　　　　　　　　　　　188　　188
　　　　　　　　　　　　　　　　　　0

18÷47 は計算で
きないから、商は
一の位にたてる。

18÷4 と考え
て 4 をたてる。

❶ 次の計算をしましょう。　📖教上94ページ4、▶　　50点（1つ10）

① 53)159　② 74)222　③ 68)375

④ 72)571　⑤ 38)237

❷ 次の計算をしましょう。　📖教上95ページ2、3　　50点（1つ10）

① 32)309　② 26)258　③ 27)217

④ 17)136　⑤ 16)119

10 より大きい数が
かりの商にたつときは、
9 をかりの商とします。

教科書 📖 上94〜95ページ

きほんの
ドリル
23.

 時間 15分 | 合かく 80点 | /100

 月　日

 サクッと
こたえ
あわせ

8　2けたでわるわり算
③　2けたでわるわり算（2）　　　……（1）

答え **85**ページ

816÷34 の筆算のしかた

何の位からたてるか　➡　　たてる　　➡　　かける　　➡　　ひく　　➡
決める

$$34\overline{)816}$$

$$34\overline{)816} \quad 2$$

$$34\overline{)816} \quad 2 \atop 68$$

$$34\overline{)816} \quad 2 \atop 68 \atop 13$$

おろす　➡　　たてる　　➡　　かける　　➡　　ひく

$$34\overline{)816} \quad 2 \atop 68 \atop 136$$

$$34\overline{)816} \quad 24 \atop 68 \atop 136$$

$$34\overline{)816} \quad 24 \atop 68 \atop 136 \atop 136$$

$$34\overline{)816} \quad 24 \atop 68 \atop 136 \atop 136 \atop 0$$

わり算の筆算は、商のたつ位を決めてから、「たてる」、「かける」、「ひく」、「おろす」
のくり返しで計算します。

---

① 次の計算をしましょう。 　　　100点（1つ20）

① $$19\overline{)817}$$

② $$17\overline{)428}$$

③ $$28\overline{)882}$$

④ $$35\overline{)630}$$

⑤ $$31\overline{)570}$$

教科書 📖 上96～97ページ

| 時間 15分 | 合かく 80点 /100 | 月　　日 |

サクッと
こたえ
あわせ

答え 85ページ

8　2けたでわるわり算
③　2けたでわるわり算 (2)　　　　……(2)
④　わり算のくふう

商に0のたつ計算

```
      20
28)574
   56
   14
   00  ← この部分を省いてもかま
   14     いません。
```
→
```
      20
28)574
   56
   14
```

右の計算の方が
かんたんだね。

❶ 次の計算をしましょう。 📖教上98ページ❷、▶、❷　　　60点(1つ10)

① 19)770

② 32)979

③ 44)912

④ 68)704

⑤ 56)601

⑥ 27)815

❷ 次の計算をしましょう。 📖教上99ページ❸、▶　　　20点(1つ10)

① 125)375

② 276)728

[0を消して計算したわり算で、あまりを求めるときは、あまりに 0を消した分だけ 0をつけたします。]

❸ 5500 ÷ 600 を、わり算のきまりを使ってくふうして計算しましょう。
また、答えのたしかめをしましょう。 📖教上100ページ▶

20点(答え10、たしかめ10)

600)5500

答え　（　　　　　　　　　　　　）

たしかめ　（　　　　　　　　　　　　）

教科書 📖 上98～100ページ

8 2けたでわるわり算
⑤ どんな式になるかな

❶ りんごの入った箱が4箱あり、どの箱にも、りんごが24こずつ入っています。りんごは全部で何こですか。 📖教上101ページ❶❶ 30点(式15・答え15)

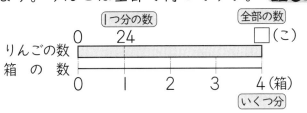

りんご	24こ	□こ
箱	1箱	4箱

式　　　　　　　　　　　　　　　答え（　　　　　　　　）

❷ ケーキが84こあります。1つの箱にケーキを12こずつ入れていくと、何箱できますか。わかっている数を図の□に書いて、計算しましょう。

📖教上101ページ❶❷ 35点(図□1つ5・式15・答え10)

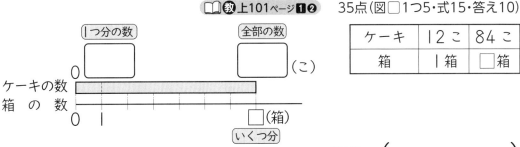

ケーキ	12こ	84こ
箱	1箱	□箱

式　　　　　　　　　　　　　　　答え（　　　　　　　　）

❸ 128このみかんを、8人に同じ数ずつ分けると、1人分のみかんの数は何こになりますか。わかっている数を図の□に書いて、計算しましょう。 📖教上101ページ❶❸ 35点(図□1つ5・式15・答え10)

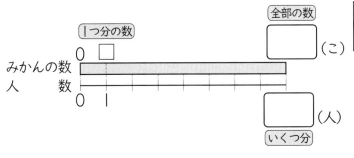

みかん	□こ	128こ
人数	1人	8人

式　　　　　　　　　　　　　　　答え（　　　　　　　　）

8　2けたでわるわり算

1 次の計算をしましょう。　　　　　　　　　　　　　　　　　80点（1つ5）

① 90÷30　　② 440÷70　　③ 32〉98　　④ 21〉53

⑤ 15〉45　　⑥ 25〉81　　⑦ 19〉58　　⑧ 14〉99

⑨ 22〉132　　⑩ 34〉170　　⑪ 82〉266　　⑫ 53〉498

⑬ 18〉558　　⑭ 34〉918　　⑮ 38〉780　　⑯ 23〉690

2 次の計算を筆算でしましょう。　　　　　　　　　　　　　　20点（1つ10）

① 1200÷200　　　　② 28000÷7000

教科書 上88〜104ページ

❶ まさおさんと弟は、バッタをとばして、そのとんだきょりをはかりました。まさおさんがとばしたバッタは540cmとび、弟がとばしたバッタは180cmとびました。まさおさんがとばしたバッタは、弟がとばしたバッタの何倍とびましたか。　📖教上105ページ❶　30点(式15・答え15)

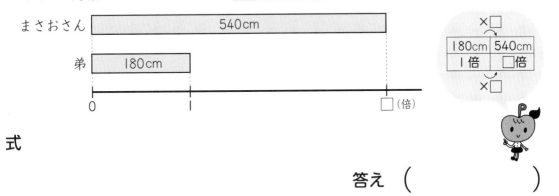

式

答え（　　　　　　　）

❷ ボール投げで、けんじさんは7m20cm投げ、妹は120cm投げました。けんじさんは、妹の何倍の長さを投げましたか。　📖教上106ページ▶　30点(式15・答え15)

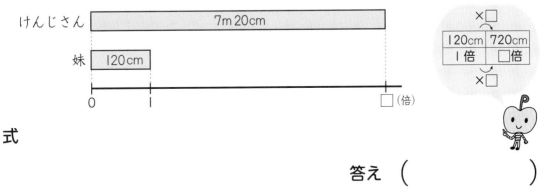

式

答え（　　　　　　　）

❸ よしおさんが作ったペットボトルのロケットは、ロケットの長さの30倍の高さまでとびます。このロケットの長さが25cmのとき、何cmの高さまでとびますか。　📖教上107ページ❷　40点(式20・答え20)

式

答え（　　　　　　　）

大きい数／わり算／角

1 次の数を数字で書きましょう。　30点(1つ6)

① 1兆を108こと、1億を30こ合わせた数。

（　　　　　　　　　　　　）

② 1000兆を2こと、100億を7こと、10万を6こ合わせた数。

（　　　　　　　　　　　　）

③ 1億を30410こ集めた数。　（　　　　　　　　　）

④ 8200億の10倍の数。　（　　　　　　　　　）

⑤ 56兆の $\frac{1}{10}$ の数。　（　　　　　　　　　）

2 次の計算をしましょう。　30点(1つ10)

① 896万＋304万　　② 486億−256億

（　　　　　　）　　　　　（　　　　　　）

③ 592億×10

（　　　　　　）

3 わり算のきまりを使って、□にあてはまる数を求めましょう。　20点(1つ10)

① 300÷15=□÷30　② 24÷8=6÷□

4 次の大きさの角をかきましょう。　20点(1つ10)

① 105°　　　　　　② 230°

夏休みの
ホームテスト
29。

時間 **15**分 ｜ 合かく **80**点 ／**100** ｜ 月 日

サクッと
こたえ
あわせ

答え **87**ページ

折れ線グラフ／しりょうの整理

⚠️ミスに注意！

1 右のグラフは、あいさんとゆたかさんの１年生から４年生までの身長の変わり方を表したものです。 70点(1つ10)

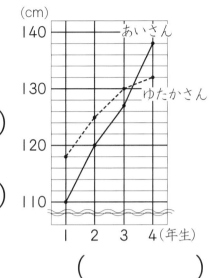

① たてのじくの１目もりは何 cm ですか。

（　　　　　　　）

② あいさんの２年生のときの身長は何 cm ですか。

（　　　　　　　）

③ ４年生のとき、身長が高いのはどちらですか。

（　　　　　　　）

④ ２人の身長のちがいがいちばん大きいのは、何年生のときですか。

（　　　　　　　）

⑤ ゆたかさんの身長ののび方がいちばん小さいのは、何年生から何年生の間ですか。

（　　　　　　　）

⑥ あいさん、ゆたかさんは、それぞれ３年間で何 cm のびましたか。

あいさん（　　　　　　　） ゆたかさん（　　　　　　　）

2 まさしさんのクラスは 35 人で、
犬をかっている人 ………… 16 人
ねこをかっている人 ……… 12 人
どちらもかっていない人 … 11 人
です。右の表の㋐～㋔に、人数を書き入れましょう。 30点(1つ6)

（人）

		犬をかって		合計
		いる	いない	
ねこを かって	いる	㋐	㋑	12
	いない	㋒	11	㋓
合計		16	㋔	35

1けたでわるわり算／2けたでわるわり算

 次の筆算をしましょう。　　　　　　　　　　77点(1つ7)

① $2\overline{)58}$

② $4\overline{)47}$

③ $6\overline{)984}$

④ $4\overline{)215}$

⑤ $7\overline{)756}$

⑥ $80\overline{)720}$

⑦ $22\overline{)47}$

⑧ $32\overline{)94}$

⑨ $13\overline{)50}$

⑩ $19\overline{)152}$

⑪ $24\overline{)108}$

② 163このキャラメルを、16人で同じ数ずつ分けます。1人分は何こで、あまりは何こですか。　　　　　　　　23点(式13・答え10)

式

答え（　　　　　　　　　　　　　　　）

9 **垂直(すいちょく)・平行と四角形**

① 垂直

時間 15分 ｜ 合かく 80点 ｜ /100 ｜ 月 日

答え 87ページ

サクッと
こたえ
あわせ

[2本の直線が直角に交わるとき、この2本の直線は、垂直であるといいます。]

❶ 下の図で、直線あに垂直な直線はどれですか。 📖教上114ページ▶、115ページ❷ 全部できて30点

直線が交わっていなくても、のばして直角に交われば、垂直ですよ。

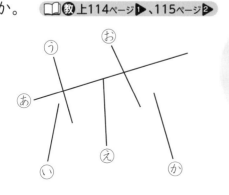

(   )

❷ 下の図で、2本の直線が垂直なのはどれですか。 📖教上115ページ❸ 30点

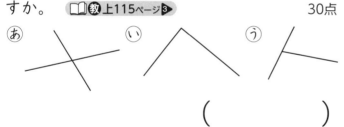

(   )

[分度器や三角じょうぎを使うと、垂直な直線をかくことができます。]

❸ 下の図で、点アを通って、直線あに垂直な直線をかきましょう。

📖教上116ページ▶、117ページ❷ 40点

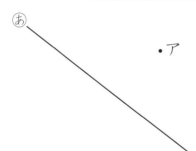

・ア

垂直な直線のかき方

(1) 分度器(ぶんどき)を使ってかくとき

①中心を点アに合わせ、0°の線を直線あに重ねます。

②90°の目もりのところに点イを打ちます。

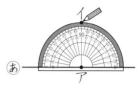

③点アと点イを通る直線を引きます。

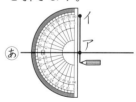

(2) 三角じょうぎを使ってかくとき

①直角の頂点(ちょうてん)を点アに合わせます。点イを打ちます。

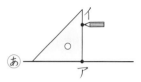

②点アと点イを通る直線を引きます。

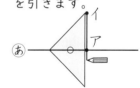

9 垂直・平行と四角形

② 平行

❶ 下の図で、平行な直線はどれとどれですか。 　📖教上119ページ❸、❹

20点（1つ10）

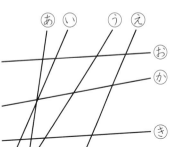

平行な直線は、ほかの直線と
等しい角度で交わるね。

（　　と　　）、（　　と　　）

[平行な2本の直線の間の長さはどこも等しく、どこまでのばしても交わりません。]

❷ 下の図で、直線あといは平行です。 　📖教上119ページ❺、120ページ❷　50点（1つ10）

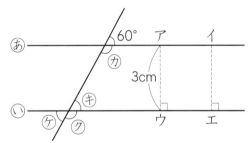

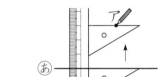

平行な直線のかき方

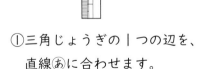

①三角じょうぎの1つの辺を、
　直線あに合わせます。
②ものさしやもう1まいの三角
　じょうぎを使って、点アのと
　ころまで三角じょうぎをすべ
　らせていきます。

① カ～ケの角度は何度ですか。

カ（　　　　　）　キ（　　　　　）

ク（　　　　　）　ケ（　　　　　）

② イエの長さは何cmですか。

（　　　　　）

[三角じょうぎを2まい使うと、平行な直線をかくことができます。]

❸ 右の図で、点アを通って、直線あに
平行な直線をかきましょう。

　📖教上122ページ❶、123ページ❷　30点

ア

あ

教科書 📖 上118～123ページ

9 **垂直・平行と四角形**

③　いろいろな四角形　　　……(1)

答え 87ページ

向かい合った1組の辺が平行な四角形を台形といいます。向かい合った2組の辺がそれぞれ平行な四角形を、平行四辺形といいます。

1 次の㋐〜㋕の中から、台形、平行四辺形を見つけましょう。

 教上126ページ❷　　50点(1つ10)

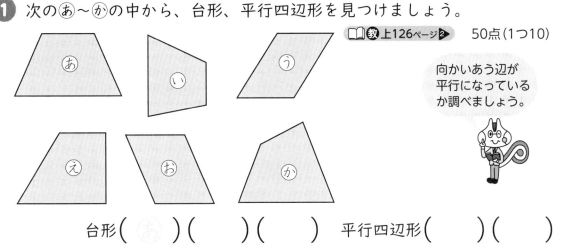

向かいあう辺が平行になっているか調べましょう。

台形（ ㋐ ）（　　）（　　）　平行四辺形（　　）（　　）

平行四辺形では、向かい合った辺の長さは等しく、向かい合った角の大きさも等しくなっています。

2 右の図は、平行四辺形です。　教上126ページ▶　　20点(1つ5)

①　角イ、角ウは、それぞれ何度ですか。

角イ（　　　　　）　角ウ（　　　　　）

② 辺アエ、辺ウエは、それぞれ何cmですか。

辺アエ（　　　　　）辺ウエ（　　　　　）

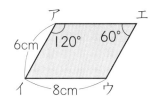

三角じょうぎやコンパスや分度器を使って、平行四辺形をかくことができます。

3 次の図に続けて、平行四辺形をかきましょう。①はコンパスを使って、②は三角じょうぎを使ってかきましょう。　教上127ページ❹、128ページ▶　　30点(1つ15)

①

②

コンパスを使うと、向かい合った辺の長さが等しくなるようにかけるよ。

教科書 上124〜128ページ

9 垂直・平行と四角形
③ いろいろな四角形 ……(2)

[4つの辺の長さがみな等しい四角形をひし形といいます。]

1 次のあ〜きの中からひし形を選び、記号を書きましょう。

📖教上128ページ5　40点(1つ10)

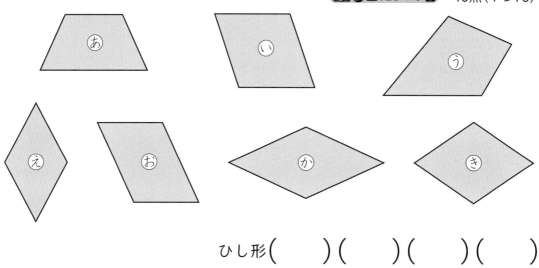

ひし形(　　　)(　　　)(　　　)(　　　)

2 下の図は、コンパスを使ったひし形のかき方を表しています。正しいかき方はどれですか。　📖教上128ページ1　30点

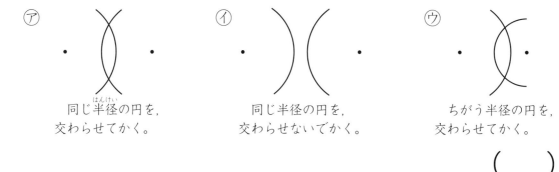

ア　同じ半径の円を、交わらせてかく。

イ　同じ半径の円を、交わらせないでかく。

ウ　ちがう半径の円を、交わらせてかく。

(　　　)

3 右のひし形について答えましょう。　📖教上129ページ3　30点(1つ10)

① 辺イウの長さは、何cmですか。

(　　　　　)

② アとエの角の大きさは、何度ですか。

ア (　　　) エ (　　　)

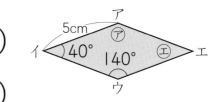

教科書 📖 上128〜129ページ

9 垂直・平行と四角形
④ 四角形の対角線／⑤ 四角形の関係

[四角形の向かい合った頂点を結んだ直線を対角線といいます。四角形の対角線は、2本あります。]

1 次のせいしつのある四角形を下の㋐～㋔から全部選んで、記号で書きましょう。

📖教上131ページ▶　30点（全部できて1つ10）

㋐
台形

㋑
平行四辺形

㋒
ひし形

㋓
長方形

㋔
正方形

①　2本の対角線の長さが同じ四角形。　（　　　　　　）

②　2本の対角線が垂直に交わる四角形。　（　　　　　　）

③　2本の対角線が交わった点で、それぞれの対角線が2等分される四角形。

（　　　　　　）

2 次の四角形をかきましょう。　📖教上131ページ❷　40点（1つ20）

①　対角線の長さが3cmと4cmのひし形。

②　対角線の長さが3cmの正方形。

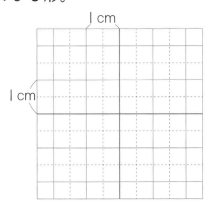

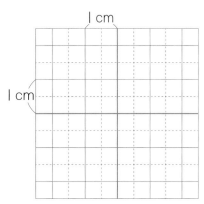

3 右の図は平行四辺形です。㋐の角の大きさを90°にすると、どんな四角形になりますか。

📖教上132ページ❶、▶　30点

（　　　　　　）

活用

時間 15分	合かく 80点	/100

月　　　日

サクッと
こたえ
あわせ

答え 88ページ

倍の計算 (2)〜かんたんな割合〜

❶ 赤色のゴムはもとの長さの 60 cm から 120 cm までのびました。白色のゴム
はもとの長さの 80 cm から 240 cm までのびました。　　　📖教上138〜140ページ❶

100点(①〜④式10・答え10、⑤20)

① 赤色のゴムののびた長さは何 cm ですか。

式

答え（　　　　　　　　　）

② 白色のゴムののびた長さは何 cm ですか。

式

答え（　　　　　　　　　）

③ のびた赤色のゴムの長さは、もとの長さの何倍ですか。

赤色のゴム
もとの長さ　| 60cm |
のばした
あとの長さ　| 120cm |
0　　　　　　1　　　　　　□

式

答え（　　　　　　　　　）

④ のびた白色のゴムの長さは、もとの長さの何倍ですか。

白色のゴム
もとの長さ　| 80cm |
のばした
あとの長さ　| 240cm |
0　　　　　1　　　　　2　　　　　□

式

答え（　　　　　　　　　）

⑤ 赤色のゴムと白色のゴムでは、どちらのゴムがよくのびたといえますか。

（　　　　　　　　　）

教科書 📖 上138〜140ページ

時間 **15**分 ｜ 合かく **80**点 ／100 ｜ 月　日

サクッと
こたえ
あわせ

答え **88** ページ

10　がい数
① がい数の表し方 ……(1)

1 次の□にあてはまることばを書きましょう。

教下3〜4ページ**1**、4〜5ページ**2**　50点(□1つ10)

・およその数のことを、[　　　　]といいます。

・およそ3万のことを、[　　　　]3万といいます。

・一万の位までのがい数で表すときは、すぐ下の千の位から下の数を見ます。

23481の3481は5000より
小さいので、0と考えます。

0000　　　約2万
23481 → 20000

千の位が 0、1、2、3、4 の
5[　　　]のときは、一万の位の
数はそのまま、千の位から下の数
字は 0000 とします。

25943の5943は5000より
大きいので、10000と考えます。

10000　　　約3万
25943 → 30000

千の位が 5、6、7、8、9 の
5[　　　]のときは、一万の位の
数を1大きくし、千の位から下の
数字は 0000 とします。

・上のようながい数の表し方を、[　　　　　　]といいます。

2 次の数を四捨五入して、〔　〕の中の位までのがい数にしましょう。

教下5ページ▶、6ページ▶　50点(1つ10)

①　1632〔千の位〕
（　　　　　　　）

②　23050〔千の位〕
（　　　　　　　）

③　319000〔一万の位〕
（　　　　　　　）

④　65740〔一万の位〕
（　　　　　　　）

⑤　243861〔一万の位〕
（　　　　　　　）

時間 15分　合かく 80点　/100

月　日

答え 88ページ

サクッと
こたえ
あわせ

10　がい数
① がい数の表し方　……(2)

1 次の数を四捨五入して、上から1けたと2けたのがい数にしましょう。

教 下6ページ❷、❸　60点(1つ10)

① 4683　　② 55142　　③ 82100

4683
└ 上から2けたのがい数を求める
には、次の3けた目の数を四捨
五入するといいね。

1けた（　　　　）1けた（　　　　）1けた（　　　　）

2けた（　　　　）2けた（　　　　）2けた（　　　　）

2 下の数直線を見て、答えましょう。　教 下7ページ❹、▶　40点

2500　　　　3000　　　　3500

3000になる整数のはんい

① 四捨五入して千の位までのがい数にするとき、3000になる整数の中で、いちばん小さい数といちばん大きい数をさがしましょう。

20点(1つ10)

いちばん小さい数（　　　　）

いちばん大きい数（　　　　）

② 四捨五入して3000になる整数のはんいを、以上、未満を使って表しましょう。

全部できて20点

3以上と3以下は、3が入るけれど、
3未満は、3が入りません。

（　　　　）以上（　　　　）未満

教科書 下6〜7ページ

サクッと
こたえ
あわせ

答え 88ページ

10 がい数
② 切り捨て・切り上げ

切り捨て	切り上げ
切り捨てて、千の位までのがい数にするときは、1000 にたりないはしたの数を 0 にします。	切り上げて、千の位までのがい数にするときは、1000 にたりないはしたの数を 1000 として、千の位の数を 1 大きくします。

5634 の 634 を 0 と考えます。

　　000
5634 → 5000
　　　　約5千

　　1000
5429 → 6000
　　　　約6千

1 次の数を切り捨てて、上から2けたのがい数にしましょう。　📖教下8ページ**１**

50点(1つ10)

① 4788 　　　　　② 8432 　　　　　③ 14486

（　　　　　）　（　　　　　）　（　　　　　）

④ 5640 　　　　　⑤ 31500

（　　　　　）　（　　　　　）

> 3けた目の数字の大きさに関係なく、切り捨てればいいね。

2 次の数を切り上げて、上から1けたのがい数にしましょう。　📖教下8ページ▶

50点(1つ10)

① 6114 　　　　　② 4159 　　　　　③ 21465

（　　　　　）　（　　　　　）　（　　　　　）

④ 5900 　　　　　⑤ 35000

（　　　　　）　（　　　　　）

教科書 📖 下8ページ

10　がい数
③　がい算／④　がい数の活用

[がい数にしてから計算することを、がい算といいます。]

❶ 右の表は、町別の人口を表したものです。 📖教下9ページ❶

40点(式10・答え10)

町別の人口

町　名	人口(人)
北　町	4815
東　町	3296
西　町	5478

① 北町と東町の人口は、合わせて約何千人ですか。北町と東町の人口をそれぞれ四捨五入して、千の位までのがい数にしてから計算しましょう。

式　　　　　　　　　　　　　　答え（　　　　　　　　　）

② 西町の人口は、北町の人口より約何百人多いですか。西町と北町の人口をそれぞれ四捨五入して、百の位までのがい数にしてから計算しましょう。

式　　　　　　　　　　　　　　答え（　　　　　　　　　）

[がい数を使って、答えの見当をつけることを「見積もる」といいます。]

❷ 積や商を見積もりましょう。 📖教下10ページ▶、下11ページ❹　　40点(□1つ10)

	見積もりの式	見積もり
① 279×315		=
② 8496÷38		=

❸ 下の表は、ある球場の4日間の入場者数を表したものです。これを四捨五入して千の位までのがい数にし、右の折れ線グラフに表しましょう。

📖教下13ページ❶　20点(各曜日1つ5)

球場の入場者数

曜日	入場者数(人)
木曜日	10395
金曜日	18762
土曜日	29520
日曜日	25483

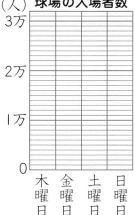

球場の入場者数

教科書 📖 下9〜13ページ

11　式と計算
① 式と計算

[ひとまとまりとみて先に計算するしるしとして、（　）を使います。]

1 1つの式に表して、答えを求めましょう。　📖教下19〜20ページ❶、20ページ▶

40点（式10・答え10）

① まさおさんは、700円持って買い物に行きました。文ぼう具屋さんで130円のノートと450円のコンパスを買います。残りは何円ですか。

式　☐－（130＋☐）＝☐

答え（　　　　　　　　）

② 600円のハンカチを、60円安くして売っています。1まい買うとき、1000円出すと、おつりは何円ですか。

式　☐－（☐－☐）＝☐

答え（　　　　　　　　）

[たし算、ひき算、かけ算、わり算のまじった式では、かけ算やわり算は、（　）がなくても
ひとまとまりとみて、先に計算します。]

2 1つの式に表して、答えを求めましょう。　📖教下21ページ❷、▶　20点（式5・答え5）

① けんじさんは、1こ250円のケーキ1ことと、1箱120円のキャラメルを3箱買いました。代金はいくらですか。

式　☐＋☐×☐＝☐

答え（　　　　　　　　）

② 画用紙を、きのう40まい、今日はきのうの半分使いました。全部で何まい使いましたか。

式　☐＋☐÷☐＝☐

答え（　　　　　　　　）

3 順じょに気をつけて、次の計算をしましょう。　📖教下22ページ❸、▶

40点（1つ10）

① $15 \div 3 \times 6$　　　② $32 \div (2 \times 4)$

③ $(7+2) \times (12-8)$　　　④ $80 - 20 \div (9-5)$

41

時間 15分　合かく 80点 ／100　月　日

サクッと
こたえ
あわせ

答え 89ページ

11　式と計算
② 計算のきまり

計算のきまり
たし算　■＋●＝●＋■、（■＋●）＋▲＝■＋（●＋▲）
かけ算　■×●＝●×■、（■×●）×▲＝■×（●×▲）
（■＋●）×▲＝■×▲＋●×▲、（■−●）×▲＝■×▲−●×▲

1 □にあてはまる数を書きましょう。　教 下23ページ■、24ページ❷　20点（1つ5）

① 45＋92＝ 92 ＋45

② （45＋32）＋68＝45＋（32＋□）

③ 15×326＝326×□

④ （26×5）×2＝26×（□×2）

どのきまりが使えるか
考えてみましょう。

2 黒いボールと白いボールを全部合わせると、何こ
になるかを考えます。　教 下24～25ページ❷

40点（□1つ5）

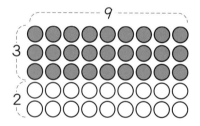

① 黒いボールと白いボールをいっしょに考
えます。□にあてはまる数を書きましょう。

（3＋□）×□＝□　　答え □ こ

② 黒いボールと白いボールをべつべつに考えます。□にあてはまる数
を書きましょう。

3×□＋2×□＝□　　答え □ こ

[計算のきまりを使ってくふうすると、計算がかんたんになります。]

3 次の計算をしましょう。　教 下25ページ❷

40点（1つ10）

① （6＋24）×3　　② 8×（17−9）

③ 13×6＋7×6　　④ 24×8−22×8

教科書 下23～25ページ

11　式と計算
③　計算のきまりを使って／④　かけ算のきまり

1 計算のきまりを使って、くふうして計算しましょう。　📖教下27ページ❷

40点（全部できて1つ10）

① $48×5=(\boxed{}×2)×5$

$=\boxed{}×(\boxed{}×5)$

$=\boxed{}$

② $199×4=(\boxed{}-1)×4$

$=\boxed{}×4-\boxed{}×4$

$=\boxed{}$

③　$25×28$

④　$104×12$

2 次の2つの式をくらべて、かけ算について、いろいろなきまりを見つけましょう。
□にあてはまる数を求めましょう。　📖教下28ページ❶、▶　60点（全部できて1つ10）

①
$$80 × 3 = 240$$
$$\downarrow ×\boxed{} \quad \downarrow ×\boxed{}$$
$$80 × 6 = 480$$

②
$$50 × 8 = 400$$
$$\downarrow ÷\boxed{} \quad \downarrow ÷\boxed{}$$
$$50 × 4 = 200$$

③
$$30 × 6 = 180$$
$$\downarrow ×\boxed{} \quad \downarrow ÷\boxed{}$$
$$90 × 2 = 180$$

④
$$90 × 2 = 180$$
$$\downarrow ÷\boxed{} \quad \downarrow ×\boxed{}$$
$$30 × 6 = 180$$

⑤
$$20 × 6 = 120$$
$$\downarrow ×\boxed{} \quad \downarrow ×\boxed{}$$
$$60 × 6 = 360$$

⑥
$$60 × 6 = 360$$
$$\downarrow ÷\boxed{} \quad \downarrow ÷\boxed{}$$
$$20 × 6 = 120$$

教科書 📖 下26〜28ページ

11　式と計算

⑤　整数の計算

[たし算やひき算は、けたが多くなっても、位ごとに計算します。]

1 まゆみさんの市の小学生の人数は、男子が 38383 人、女子が 36313 人です。

📖教下29ページ❶　40点(式10・答え10)

①　男子と女子の人数を合わせると、全部で何人ですか。

式

答え（　　　　　　　　　）

②　男子と女子の人数のちがいは何人ですか。

式

答え（　　　　　　　　　）

[2けたの数をかける筆算と同じように計算します。]

2 352×234 の筆算を次のようにしました。どのような計算をしたかを式に書きましょう。　📖教下29ページ▶　20点(□1つ5)

```
      3 5 2
    × 2 3 4
    1 4 0 8  …352×   4 = ① [1408]
    1 0 5 6  …352×  30 = ②[       ]
    7 0 4    …352×③[       ]=70400
  ④[                ]
```

234 を
200 と 30 と4に
分けて考えると
いいね。

3 次の計算をしましょう。　📖教下29ページ　40点(1つ10)

```
①   3 4 1 5 6 7
  + 8 2 0 3 9 4
```

```
②   7 2 8 6 9 0
  - 4 3 5 2 7 1
```

```
③     6 7 9
    × 2 8 4
```

```
④
  43)9546
```

教科書 📖 下29ページ

12　小数

① 小数の表し方

[0.1 を 10 等分した 1 つ分が 0.01（れい点れい一）です。]

1 水のかさは、何 L ですか。　📖教下34〜35ページ**1**　　全部できて15点

☐ . ☐ ☐ L

1L ますの数　0.1L ますの数　小さい 目もりの数

2 1m 58cm は、何 m になりますか。☐にあてはまる数を書きましょう。

📖教下36ページ**2**　30点（☐1つ10）

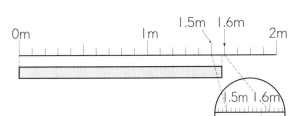

1.5m　1.6m

0m　　1m　　　2m

1.5m 1.6m

1m が	1つで	1m
0.1m が	5つで	☐ m
0.01m が	8つで	☐ m
合わせて		☐ m

[0.01 を 10 等分した 1 つ分が 0.001（れい点れいれい一）です。]

3 1kg 463g を kg 単位で表しましょう。　📖教下38ページ**2**　全部できて15点

☐ . ☐ ☐ ☐ kg

1000g　100g　10g　1g

100g は 1kg の $\frac{1}{10}$ → 0.1kg

10g は 0.1kg の $\frac{1}{10}$ → 0.01kg

1g は 0.01kg の $\frac{1}{10}$ → 0.001kg

4 （　）の中の単位で表しましょう。　📖教下38ページ**3**　40点（1つ10）

① 5304mm（m）

（　　　　　　）

② 29183m（km）

（　　　　　　）

③ 4067mL（L）

（　　　　　　）

④ 96g（kg）

（　　　　　　）

きほんの
ドリル
46。

12 小数
② 小数のしくみ

| 時間 15分 | 合かく 80点 | /100 | 月　　日 |

サクッと
こたえ
あわせ

答え 89ページ

❶ 20.856 について、□ に位を表す数を書きましょう。　📖教 下39ページ▶

30点(□1つ10)

$$20.856$$

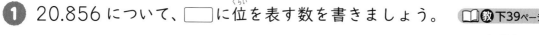

□ が2こ　□ が8こ　0.01 が5こ　□ が6こ

小数の位取り

小数点のすぐ右から順に、　小数第一位 $\left(\dfrac{1}{10}\,\text{の位}\right)$、

小数も、整数と同じように、10倍、$\dfrac{1}{10}$ ごとに位を決めて表すよ。

小数第二位 $\left(\dfrac{1}{100}\,\text{の位}\right)$、

小数第三位 $\left(\dfrac{1}{1000}\,\text{の位}\right)$

といいます。

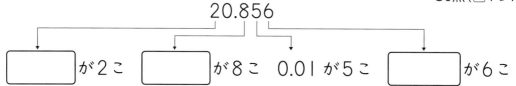

2	0	.	8	5	6
十の位	一の位	小数点	小数第一位	小数第二位	小数第三位

❷ 次の □ にあてはまる数を書きましょう。　📖教 下40ページ❷、❸、❹

30点(□1つ10)

① 35.764 は、10 を □ こと、1を5こと、0.1 を7こと、0.01 を6こと、0.001 を □ こ合わせた数です。

② 0.905 は、0.001 を □ こ集めた数です。

❸ 次の数を、大きい順に書きましょう。　📖教 下41ページ▶　　20点

0.08　0　8　0.8　　　　（　　　　　　　　　　　）

❹ 次の数の 10 倍の数と、$\dfrac{1}{10}$ の数を求めましょう。　📖教 下42ページ❸、▶、❷

20点(1つ5)

① 5.172　10倍の数（　　　　　　　）　$\dfrac{1}{10}$ の数（　　　　　　　）

② 6.84　10倍の数（　　　　　　　）　$\dfrac{1}{10}$ の数（　　　　　　　）

教科書 📖 下39〜42ページ

12 小数
③ 小数のたし算とひき算 ……(1)

[小数のたし算は、整数の場合と同じように、位をそろえて計算します。]

2.45+3.15 の計算のしかた

$$\begin{array}{r} 2.45 \\ +3.15 \\ \hline \end{array}$$
位をそろ
えて書く。

➡

$$\begin{array}{r} 2.45 \\ +3.15 \\ \hline 560 \end{array}$$
整数のときと
同じように位ご
とに計算する。

➡

$$\begin{array}{r} 2.45 \\ +3.15 \\ \hline 5.60 \end{array}$$
和の小数点は、
上の小数点の位置
にそろえてつける。

答えの 5.60 は、
0 を消して 5.6
にしましょう。

❶ 次の筆算をしましょう。　教下43ページ❶、44ページ▶、❷　　60点(1つ5)

①
$$\begin{array}{r} 0.83 \\ +0.16 \\ \hline \end{array}$$

②
$$\begin{array}{r} 0.24 \\ +7.63 \\ \hline \end{array}$$

③
$$\begin{array}{r} 0.72 \\ +3.2 \\ \hline \end{array}$$

④
$$\begin{array}{r} 3.25 \\ +2.54 \\ \hline \end{array}$$

⑤
$$\begin{array}{r} 4.48 \\ +5.5 \\ \hline \end{array}$$

⑥
$$\begin{array}{r} 0.48 \\ +0.39 \\ \hline \end{array}$$

⑦
$$\begin{array}{r} 7.3 \\ +0.78 \\ \hline \end{array}$$

⑧
$$\begin{array}{r} 4.29 \\ +2.8 \\ \hline \end{array}$$

⑨
$$\begin{array}{r} 0.65 \\ +0.25 \\ \hline \end{array}$$

⑩
$$\begin{array}{r} 4.79 \\ +0.51 \\ \hline \end{array}$$

⑪
$$\begin{array}{r} 3.76 \\ +1.46 \\ \hline \end{array}$$

⑫
$$\begin{array}{r} 3.87 \\ +2.13 \\ \hline \end{array}$$

❷ 次の計算を筆算でしましょう。　教下44ページ❺　　20点(1つ5)

①　4.21+3.68

②　6.52+2.65

③　4.57+5.2

④　7.02+0.98

❸ 3.85 m のひもと、1.76 m のひもがあります。合わせて何 m になり
ますか。　教下43ページ❶　　20点(式10・答え10)

式

答え（　　　　　　　　）

教科書 下43〜44ページ

12 小数
③ 小数のたし算とひき算 ……(2)

[小数のひき算は、整数の場合と同じように、位をそろえて計算します。]

4.86−3.54 の計算のしかた

$$
\begin{array}{r}
4.86 \\
-3.54 \\
\end{array}
\Rightarrow
\begin{array}{r}
4.86 \\
-3.54 \\
\hline
132 \\
\end{array}
\Rightarrow
\begin{array}{r}
4.86 \\
-3.54 \\
\hline
1.32 \\
\end{array}
$$

位をそろ　　　　整数のときと　　　　差の小数点は、
えて書く。　　　同じように位ご　　　上の小数点の位置
　　　　　　　とに計算する。　　　にそろえてつける。

位をそろえる
とは、小数点の
位置をそろえる
ということだね。

1 次の筆算をしましょう。　　📖教下45ページ2、46ページ▶、3　　60点(1つ5)

①
$$
\begin{array}{r}
3.94 \\
-2.71 \\
\end{array}
$$

②
$$
\begin{array}{r}
9.26 \\
-4.76 \\
\end{array}
$$

③
$$
\begin{array}{r}
0.93 \\
-0.63 \\
\end{array}
$$

④
$$
\begin{array}{r}
3.56 \\
-1.7 \\
\end{array}
$$

⑤
$$
\begin{array}{r}
7.14 \\
-0.85 \\
\end{array}
$$

⑥
$$
\begin{array}{r}
8.52 \\
-7.71 \\
\end{array}
$$

⑦
$$
\begin{array}{r}
7.83 \\
-5.89 \\
\end{array}
$$

⑧
$$
\begin{array}{r}
6.37 \\
-4.08 \\
\end{array}
$$

⑨
$$
\begin{array}{r}
3.07 \\
-2.29 \\
\end{array}
$$

⑩
$$
\begin{array}{r}
6.4 \\
-2.85 \\
\end{array}
$$

⑪
$$
\begin{array}{r}
5 \\
-0.98 \\
\end{array}
$$

⑫
$$
\begin{array}{r}
3 \\
-2.68 \\
\end{array}
$$

2 次の計算を筆算でしましょう。　　📖教下46ページ2、4　　20点(1つ5)

① 5.76−2.34

② 0.73−0.35

③ 9.08−7.29

④ 3.84−2.9

3 やかんに水が 1.5L 入っています。この水を 350mL だけ飲みました。残りの水のかさは、何L ですか。　　📖教下46ページ5　　20点(式10・答え10)

式

答え (　　　　　　　)

教科書 📖 下45〜46ページ

サクッと
こたえ
あわせ

答え **90**ページ

13 そろばん
① 数の表し方／② たし算とひき算

1 次の□にあてはまることばを書きましょう。 📖教下51ページ 40点(1つ10)

そろばんでは、

① 一の位から □ へ順に、十の位、百の位……となっています。

② 一の位の □ が小数第一位となっています。

③ 数を表すときは、定位点の1つを □ の位と決めて表します。

④ 定位点を1つ決めると、その左がわの定位点は □ の位になります。

2 右のそろばんの図で表している数は、次の㋐～㋒
の数のどれですか。 📖教下51ページ**1**、▶ 10点

㋐ 5298.4　　㋑ 52984　　㋒ 529840

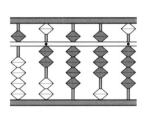

(　　　)

3 下のそろばんでは、どんな計算をしていますか。式と答えを書きましょう。

📖教下52ページ**1**、53ページ**2** 30点(式10・答え5)

①
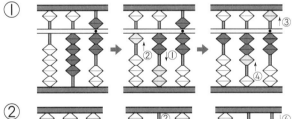

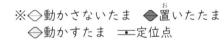

※◇動かさないたま ◆置いたたま
◇動かすたま ▬定位点

式 (　　　　　　　　　　)

答え (　　　　　　　　　)

②
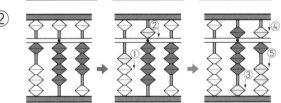

式 (　　　　　　　　　　)

答え (　　　　　　　　　)

4 次の計算をそろばんでしましょう。 📖教下52ページ▶、53ページ**3** 20点(1つ5)

① 1.82+5.28　　　　② 3.46−0.79

③ 25億+54億　　　　④ 91兆−38兆

14 **面積**

① 面積

[広さは、線でかこまれた内側の大きさです。広さを数で表したものを面積といいます。
面積は、もとにする広さの何こ分のように数で表すと、くらべることができます。]

❶ 下のような大きさの紙が2まいあります。　教下57ページ❷、58ページ❷　30点

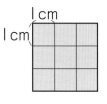

1辺が1cmの正方形の面積と同じ広さは、1cm² (1平方センチメートル)です。

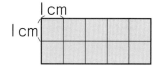

① あと⓲のどちらが、▨の何こ分広いですか。　全部できて10点

（　　　　　）のほうが（　　　　　）こ分広い。

② あと⓲の面積は、それぞれ何cm²ですか。　20点(1つ10)

あ（　　　　　）　⓲（　　　　　）

❷ 次の図形の面積は、何cm²ですか。　教下58ページ❸　40点(1つ10)

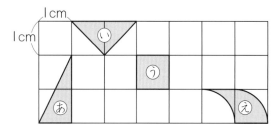

あ（　　　　　）　⓲（　　　　　）

う（　　　　　）　え（　　　　　）

❸ 色をぬった部分の面積は、何cm²ですか。　教下58ページ❹　30点(1つ15)

①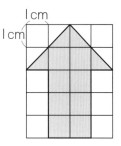

②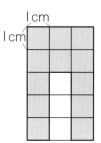

（　　　　　）　　　　　　　（　　　　　）

教科書 下54〜58ページ

14 **面積**
② 長方形と正方形の面積 ……(1)

[長方形の面積＝たて×横、正方形の面積＝1辺×1辺]

❶ 次の図形の面積を求めましょう。　📖教下60〜61ページ❶、61ページ▶、❷　80点(1つ20)

①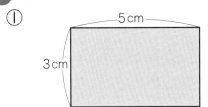

（　　　　）

②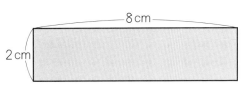

（　　　　）

③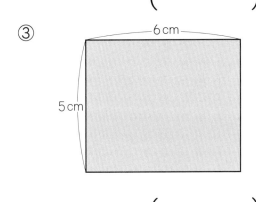

（　　　　）

④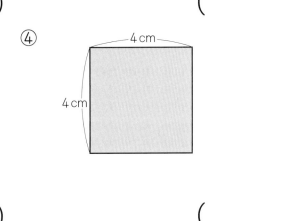

（　　　　）

❷ 面積が21cm²の長方形を作ろうと思います。たての長さを3cmにしたとき、横の長さは何cmにすればよいですか。　📖教下62ページ▶、❷

20点(式全部できて10・答え10)

式　　3×□＝21

□＝[　　　]÷[　　　]

答え（　　　　）

教科書 📖 下60〜62ページ

| 時間 15分 | 合かく 80点 /100 | 月　日 |

サクッと
こたえ
あわせ

答え **90**ページ

14 面積

② 長方形と正方形の面積　……(2)

長方形や正方形を組み合わせた図形の面積は、長方形や正方形に分けて考えます。また、大きな長方形や正方形の面積から、へこんだところをひいて考えます。

❶ 次の図形の面積は、何 cm² ですか。 📖教下62〜63ページ❸、▶　100点(1つ20)

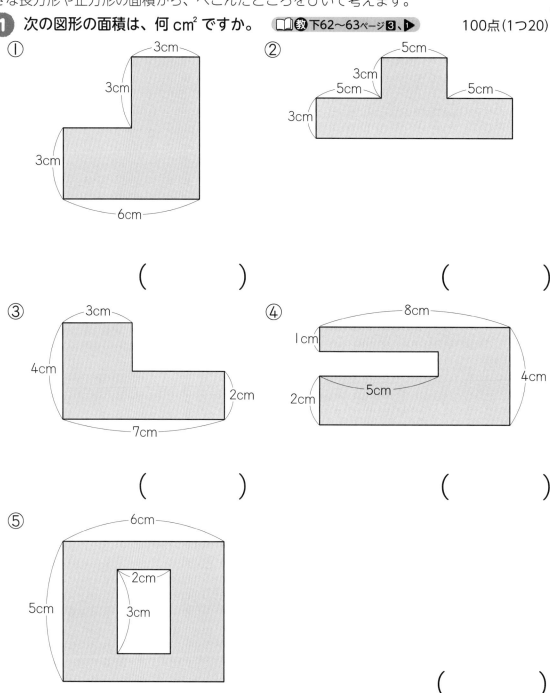

①

（　　　　）

②

（　　　　）

③

（　　　　）

④

（　　　　）

⑤

（　　　　）

教科書 📖 **下62〜63ページ**

サクッと
こたえ
あわせ

答え 91 ページ

14 面積
③ 大きい面積の単位　　……(1)

[1辺が 1m の正方形の面積と同じ広さは、 1m²(1平方メートル)です。]

1 次の図形の面積は、何 m² ですか。　📖教下64ページ**1**、▶　40点(1つ20)

①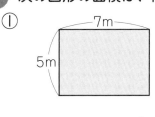
7m
5m

② 8m
8m

（　　　　）　　　　（　　　　）

2 1 m² が何 cm² かを求めます。□にあてはまる数を書きましょう。
📖教下65ページ**2**　20点(□1つ5)

1辺が 1m の正方形を考えると 1m² です。

それを、 1辺が ①[100] cm の正方形で考えると、

100× ②[　　　] = ③[　　　]

したがって、 1m²= ④[　　　] cm²

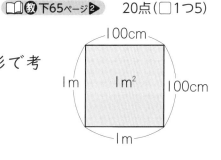
100cm
1m　1m²　100cm
1m

3 たて 2m、横 90 cm の長方形の花だんを作ります。花だんの面積は、何 cm² ですか。　📖教下65ページ**3**　20点(式10・答え10)

式

答え（　　　　　　　）

[1辺が 10m の正方形の面積と同じ広さは、 1a(1アール)です。]

4 たて 20m、横 30m の長方形の水田があります。
📖教下66ページ**2**　20点(①式5・答え5、②10)

10m
10m
20m
30m

① この水田の面積は、何 m² ですか。
式

答え（　　　　　）

② この水田の面積は、何 a ですか。

（　　　　）

時間 **15**分　合かく **80**点　／**100**　　月　日

サクッと
こたえ
あわせ
答え **91**ページ

14 面積
③ 大きい面積の単位……(2)／④ 面積の単位の関係

[1辺が100mの正方形の面積と同じ広さは、1ha（1ヘクタール）です。]

1 1辺が800mの正方形の形をした公園があります。　📖教 下66ページ③、67ページ④
35点（①式10・答え5、②・③1つ10）

① この公園の面積は、何m²ですか。

式

答え（　　　　　　　　）

② この公園の面積は、1辺が100mの正方形の面積の何こ分ですか。

（　　　　　　　　）

③ この公園の面積は、何haですか。

（　　　　　　　　）

[1辺が1kmの正方形の面積と同じ広さは、1km²（1平方キロメートル）です。]

2 1辺が2kmの正方形をした動物園があります。この動物園の面積は、何km²ですか。　📖教 下67ページ⑤　　15点（式10・答え5）

式

答え（　　　　　　　　）

正方形や長方形では、2つの辺の長さがそれぞれ10倍になると、その面積は100倍になります。

3 次の□にあてはまる数を書きましょう。　📖教 下68〜69ページ❶　50点（□1つ10）

① 1haは1aの□倍です。

② 1km²は1haの□倍です。

③ 長さの単位では、1mは、1cmの□倍です。面積では、1m²は、1cm²の□倍です。

④ たて30cm、横50cmの長方形の面積は、たて3cm、横5cmの長方形の面積の□倍です。

教科書 📖 下66〜69ページ

垂直・平行と四角形／がい数

1 右の図に、点イを通って、直線あに平行な直線いと垂直な直線うをかきましょう。

30点(1つ15)

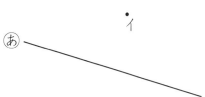

2 右の平行四辺形の図の □ にあてはまる数を書きましょう。　15点(1つ5)

カ □ cm　　キ □ cm

ク □ °

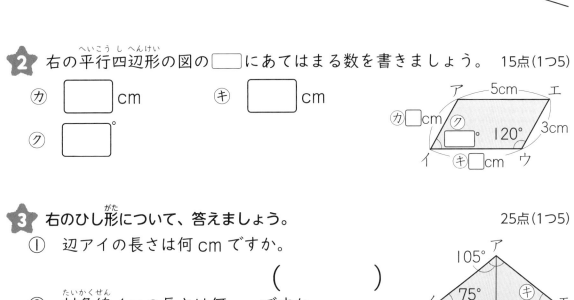

3 右のひし形について、答えましょう。　25点(1つ5)

① 辺アイの長さは何cmですか。

（　　　　　　）

② 対角線イエの長さは何cmですか。

（　　　　　　）

③ カ、キ、クの角度は何度ですか。

カ（　　　　　） キ（　　　　　） ク（　　　　　）

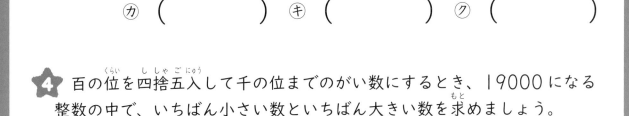

4 百の位を四捨五入して千の位までのがい数にするとき、19000になる整数の中で、いちばん小さい数といちばん大きい数を求めましょう。

30点(1つ15)

いちばん小さい数 （　　　　　　）

いちばん大きい数 （　　　　　　）

式と計算／小数／面積（めんせき）

1 あめ玉が 120 こあります。1人に7こずつ、16人に配ります。残（のこ）りは、何こになりますか。　　　　　　　　　　　30点(式15・答え15)

式

答え（　　　　　　）

2 次の計算をしましょう。　　　　　　　　　　20点(1つ5)

① 　 54358
　 ＋65723

② 　 67501
　 －36942

③ 　　 458
　 　×301

④ 14〉5894

3 （　）の中の単位（たんい）で表しましょう。　　　　　　20点(1つ5)

① 2080 m（km）

（　　　　　　）

② 69 mL（L）

（　　　　　　）

③ 7.15 kg（g）

（　　　　　　）

④ 4.581 m（cm）

（　　　　　　）

4 次の面積を求（もと）めましょう。　　　　　　　30点(1つ15)

①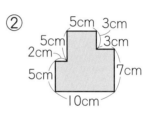
6m / 2m / 2m / 8m

② 5cm 3cm / 5cm 3cm / 2cm / 5cm / 7cm / 10cm

（　　　　　　）　　　　　（　　　　　　）

15　計算のしかたを考えよう

① 小数×整数／② 小数÷整数

1 1.3L ずつ入っているジュースのびんが、6本あります。ジュースは全部で何L ありますか。　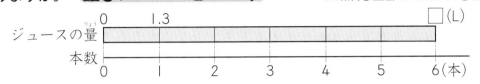 教下79～80ページ**1**、80ページ▶　50点（①全部できて10、②□1つ5）

ジュースの量　0　1.3　□(L)
本数　0　1　2　3　4　5　6（本）

① 式を書きましょう。

式　□ × □

② 答えを求めましょう。□にあてはまる数を書きましょう。

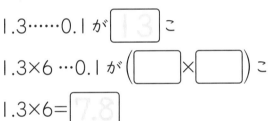

1.3……0.1が 13 こ

1.3×6 …0.1が（□ × □）こ

1.3×6＝ 7.8

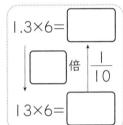

1.3×6＝□
□ 倍　1/10
13×6＝□

小数のしくみと
かけ算のきまりを
使うと…

答え □ L

2 5.6L のお茶を、4本のびんに同じように分けると、1本分は何L になりますか。
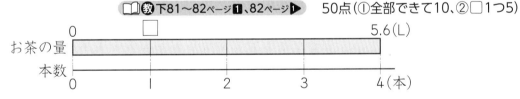教下81～82ページ**1**、82ページ▶　50点（①全部できて10、②□1つ5）

お茶の量　0　□　5.6(L)
本数　0　1　2　3　4（本）

① 式を書きましょう。

式　□ ÷ □

② 答えを求めましょう。□にあてはまる数を書きましょう。

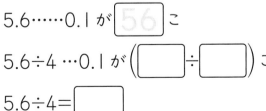

5.6……0.1が 56 こ

5.6÷4 …0.1が（□ ÷ □）こ

5.6÷4＝□

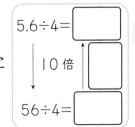

5.6÷4＝□
10倍
56÷4＝□

小数のしくみと
わり算のきまりを
使うと…

答え □ L

| 時間 15分 | 合かく 80点 /100 | 月 日 |

サクッと
こたえ
あわせ

16 小数のかけ算とわり算

① 小数×整数の計算 ……(1)

答え **91**ページ

答え 91ページ

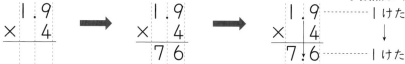

小数のかけ算の筆算 整数と同じように計算して、あとで小数点をつけます。

```
   1.9           1.9           1.9  ┈┈ 小数点より下のけた数
 ×   4    →    ×   4    →    ×   4  ┈┈ 1けた
               ───           ───         ↓
                 7 6           7.6  ┈┈ 1けた
```

9と4をそろえて　　　　　整数のかけ算と同　　　　小数点より下のけた数が同じに
書く。　　　　　　　　　じように計算する。　　　なるように、積の小数点をつける。

❶ 筆算をしましょう。 教下84〜85ページ❶❹、85ページ❷、86ページ❸、❹　　40点(1つ5)

```
①     2.8      ②     0.9      ③     1.3      ④     1.7
    ×    4         ×    7         ×    3         ×    5
   ┌─┐┌─┐.┌─┐    ┌─┐.┌─┐
```

```
⑤     5.4      ⑥     2.9      ⑦     0.6      ⑧     0.4
    ×    7         ×    6         ×    8         ×    9
```

❷ 1Lで、2.4 m² のかべをぬれるペンキがあります。このペンキ7Lでは、
何 m² のかべをぬることができますか。 教下84ページ❶　　20点(式10・答え10)

式

答え （　　　　　　　　）

[答えの、小数点より右の終わりの0は消しておきます。]

❸ 筆算をしましょう。 教下86ページ❷、▶　　40点(1つ10)

```
①     0.8      ②     1.5      ③     3.5      ④     7.5
    ×    5         ×    4         ×    6         ×    8
   ┌─┐.┌─┐    ┌─┐.┌─┐
```

教科書 **下84〜86ページ**

サクッと
こたえ
あわせ
答え 92ページ

16　小数のかけ算とわり算
① 小数×整数の計算　……(2)

[2けたの整数をかけるときも、1けたの場合と同じようにします。]

1 筆算をしましょう。　📖教 下86ページ❷、❸　　55点(1つ5)

①
$$\begin{array}{r} 3.7 \\ \times\ 21 \end{array}$$

←37×1
←37×20

②
$$\begin{array}{r} 1.8 \\ \times\ 16 \end{array}$$

③
$$\begin{array}{r} 0.5 \\ \times\ 24 \end{array}$$

答えの、小数点
より右の終わり
の0は消すよ。

④
$$\begin{array}{r} 1.2 \\ \times\ 14 \end{array}$$

⑤
$$\begin{array}{r} 2.3 \\ \times\ 32 \end{array}$$

⑥
$$\begin{array}{r} 3.9 \\ \times\ 18 \end{array}$$

⑦
$$\begin{array}{r} 1.7 \\ \times\ 19 \end{array}$$

⑧
$$\begin{array}{r} 8.2 \\ \times\ 43 \end{array}$$

⑨
$$\begin{array}{r} 0.6 \\ \times\ 15 \end{array}$$

⑩
$$\begin{array}{r} 3.9 \\ \times\ 40 \end{array}$$

⑪
$$\begin{array}{r} 2.5 \\ \times\ 80 \end{array}$$

[かけられる数が小数第二位まであっても、今までと同じように計算します。]

2 筆算をしましょう。　📖教 下87ページ❸❸、▶、❸　　35点(1つ5)

①
$$\begin{array}{r} 2.47 \\ \times\ \ \ \ 4 \end{array}$$

②
$$\begin{array}{r} 0.16 \\ \times\ \ \ \ 6 \end{array}$$

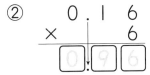

③
$$\begin{array}{r} 0.02 \\ \times\ \ \ \ 5 \end{array}$$

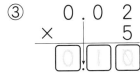

④
$$\begin{array}{r} 1.56 \\ \times\ \ \ \ 3 \end{array}$$

⑤
$$\begin{array}{r} 0.14 \\ \times\ \ \ \ 7 \end{array}$$

⑥
$$\begin{array}{r} 0.27 \\ \times\ \ \ \ 5 \end{array}$$

⑦
$$\begin{array}{r} 0.05 \\ \times\ \ \ \ 6 \end{array}$$

3 1mの重さが1.75kgのぼうがあります。このぼう8mの重さは何kgですか。　📖教 下87ページ❷　　10点(式5・答え5)

式

答え（　　　　　　　）

きほんの
ドリル
60。

時間 15分 ｜ 合かく 80点 ／100 ｜ 月 日

サクッと
こたえ
あわせ

16 小数のかけ算とわり算

② 小数÷整数の計算 ……(1) 答え 92ページ

[商の小数点をわられる数の小数点にそろえてつけ、整数のわり算と同じように計算します。]

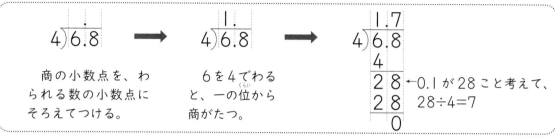

商の小数点を、わられる数の小数点にそろえてつける。	6を4でわると、一の位から商がたつ。	←0.1が28こと考えて、28÷4=7

1 筆算をしましょう。 📖教 下88～89ページ❶❹、89ページ▶、❷　　90点(1つ10)

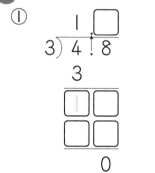

① 3)4.8

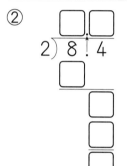

② 2)8.4

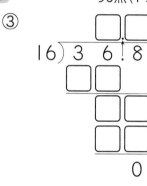

③ 16)36.8

④ 4)7.6

⑤ 3)7.5

⑥ 14)39.2

⑦ 32)51.2

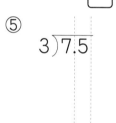

⑧ 19)64.6

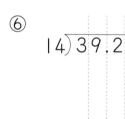

⑨ 46)59.8

2 8.4kgの米を6つのふくろに等分して入れると、1ふくろは何kgになりますか。 📖教 下88ページ❶　　10点(式5・答え5)

式

答え (　　　　　　　)

教科書 📖 下88～89ページ

きほんの
ドリル
61

時間 15分　合かく 80点 ／100

月　　日
サクッと
こたえ
あわせ
答え 92ページ

16　小数のかけ算とわり算
② 小数÷整数の計算　　　　　　……(2)

[わられる数がわる数より小さいときは、商の一の位には0を書きます。]

1 筆算をしましょう。　📖教下90ページ❷、▶　　　50点(1つ10)

①

7⟌4.2

②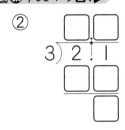

3⟌2.1

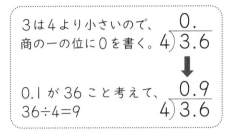
3は4より小さいので、商の一の位に0を書く。
0.
4⟌3.6
⬇
0.1が36こと考えて、36÷4=9
0.9
4⟌3.6

③

8⟌6.4

④　9⟌2.7

⑤　6⟌4.2

[わられる数が小数第二位まであっても、今までと同じように計算します。]

2 筆算をしましょう。　📖教下90ページ❷、❸　　　50点(1つ10)

①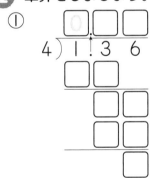

4⟌1.36

②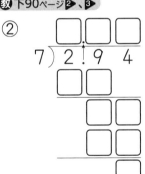

7⟌2.94

整数のわり算と同じように、たてる・かける・ひく・おろすのくり返しですね。

③　6⟌1.86

④　3⟌2.58

⑤　8⟌3.76

16 小数のかけ算とわり算
③ いろいろなわり算 ……(1) 答え 92ページ

[わり切れるまでわり算をすることを、「わり進める」といいます。]

1 わり進めるしかたで計算しましょう。 📖教下91ページ❶❷、▶、❷ 80点(1つ10)

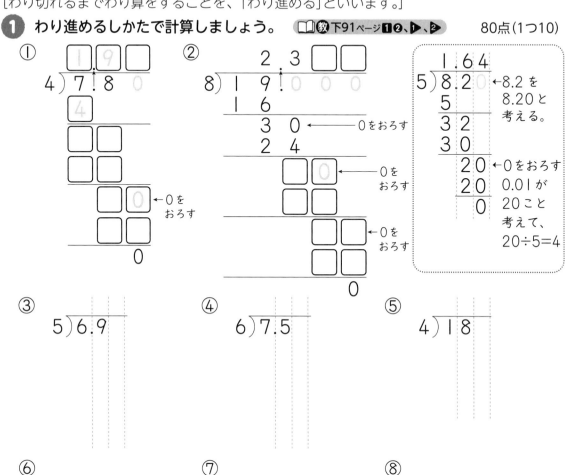

③

5⟌6.9

④

6⟌7.5

⑤

4⟌18

⑥

6⟌8.7

⑦

5⟌9

⑧

8⟌25

2 まわりの長さが4.5mの正方形の形をした花だんがあります。この花だんの1辺の長さは、何mですか。 📖教下91ページ❶ 20点(式10・答え10)

式

答え（　　　　　　　）

教科書 📖 下91ページ

きほんの
ドリル
63.

時間 **15分**

| 合かく **80点** | /100 |

月　　日

サクッと
こたえ
あわせ

答え 93ページ

16　小数のかけ算とわり算
③　いろいろなわり算　　　　　……(2)

あまりのあるわり算

小数のわり算では、あまりの小数点は、わられる数の小数点にそろえてつけます。

わられる数　＝わる数　×商＋あまり

45.2　＝　7　×6＋　3.2

この式で、答えのたしかめができるね。

---

1 次の計算をしましょう。商は、小数第二位を四捨五入して、小数第一位まで求めましょう。📖**教**下92ページ**2**、**2**

40点(計算10・答え10)

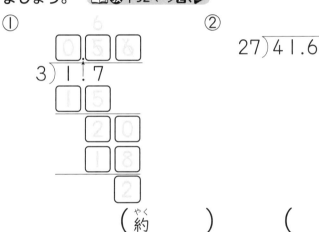

①
3) 1.7

② 27) 41.6

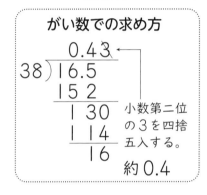

がい数での求め方

```
      0.43
38) 16.5
    15 2
    1 30
    1 14
      16
```
小数第二位の3を四捨五入する。

約0.4

(約　　　)　　　(　　　)

---

2 16.4 kg の米を 3kg ずつふくろに入れると、米3kg 入りのふくろは何ふくろできて、米は何 kg あまりますか。□にあてはまる数を書きましょう。

📖**教**下93ページ**3**　60点(式20・計算20・答え20)

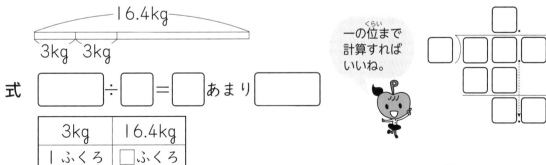

16.4kg

3kg　3kg

一の位まで計算すればいいね。

式 □÷□=□ あまり □

3kg	16.4kg
1 ふくろ	□ふくろ

答え □ふくろできて、□ kg あまる。

教科書 📖 **下92〜93ページ**

63

きほんの
ドリル
64。

時間 15分 ｜ 合かく 80点 ／100 ｜ 月　日

サクッと
こたえ
あわせ
答え 93ページ

16　小数のかけ算とわり算
④　どんな式になるかな

❶ 1mの重さが3.2kgの鉄のぼうがあります。このぼう3mの重さは
何kgですか。　📖教下94ページ❶　　　　　　　　30点(式20・答え10)

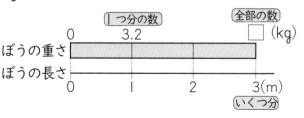

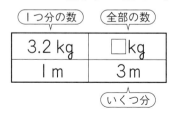

式　□ × □ = □
　　1つ分の数　いくつ分　全部の数

答え　（　　　　　　　　）

❷ 7.6mのリボンを、8人で同じ長さずつ分けると、1人分は何mにな
りますか。わかっている数を図の□に書いて、計算しましょう。

📖教下94ページ❶　40点(図全部できて10・式20・答え10)

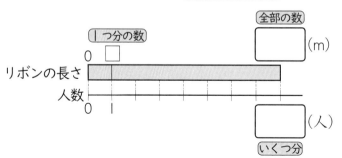

1つ分の数	全部の数
□m	7.6m
1人	8人

いくつ分

式　　　　　　　　　　　　　答え　（　　　　　　　　）

❸ 1mLの重さが2gのジャムがあります。このジャムの重さが23.6g
のとき、かさは何mLですか。　📖教下94ページ❷　　30点(式20・答え10)

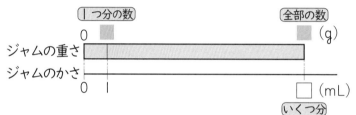

1つ分の数	全部の数
2g	23.6g
1mL	□mL

いくつ分

式　　　　　　　　　　　　　答え　（　　　　　　　　）

教科書 📖 下94ページ

時間 15分

合かく 80点 ／100

月　日

倍の計算 (3) 〜小数倍〜

1 右の表は、ボール投げの記録についてまとめたものです。

📖教下98〜99ページ**1**　100点(式15・答え10)

ボール投げの記録

	きょり (m)
ゆみ	6
ひろし	24
さき	9
みゆき	15
けんた	21.6

① ひろしさんの記録は、ゆみさんの記録の何倍ですか。

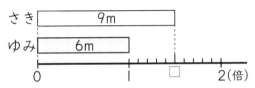

式

答え （　　　　　）

② さきさんの記録は、ゆみさんの記録の何倍ですか。

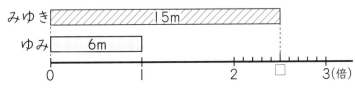

式

答え （　　　　　）

③ みゆきさんの記録は、ゆみさんの記録の何倍ですか。

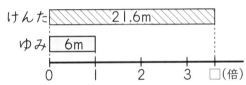

式

答え （　　　　　）

④ けんたさんの記録は、ゆみさんの記録の何倍ですか。

けんた 21.6m
ゆみ 6m
0　1　2　3　□(倍)

式

答え （　　　　　）

きほんの
ドリル
66.

時間 15分　合かく 80点　/100　月　日

サクッと
こたえ
あわせ
答え 93ページ

17 分数
① 1より大きい分数

1 バケツに入っている水のかさは、全部で何 L といえるでしょうか。□にあてはまる数を書きましょう。　📖教下101ページ**1**、102ページ▶　20点(全部できて1つ10)

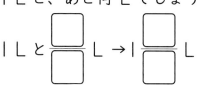

① 1L と、あと何 L でしょうか。

1L と □/□ L → 1 □/□ L

② 右のように 1L を 4 こに等しく分けると、

水のかさは、$\frac{1}{4}$ L が □ こ分で、$\frac{□}{4}$ L

といえます。

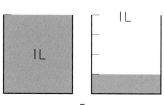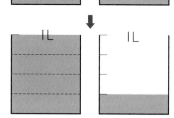

[分子が分母より小さい分数を真分数といいます。分子が分母と等しいか、分子が分母より大きい分数を仮分数といいます。整数と真分数の和になっている分数を帯分数といいます。]

2 次のかさや長さを、帯分数と仮分数で表しましょう。

📖教下102ページ**2**、103ページ▶、**2**　40点(全部できて1つ20)

① 帯分数 □ □/□ L、仮分数 □/□ L

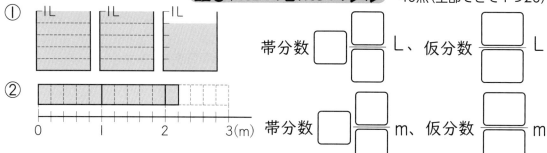

② 帯分数 □ □/□ m、仮分数 □/□ m

3 帯分数は仮分数に、仮分数は帯分数か整数になおしましょう。

📖教下104ページ**3**、▶、**2**、**3**　40点(1つ5)

① $1\frac{3}{4}$　　② $2\frac{3}{4}$　　③ $1\frac{4}{9}$　　④ $3\frac{3}{7}$

( )　　　( )　　　( )　　　( )

⑤ $\frac{5}{4}$　　⑥ $\frac{5}{3}$　　⑦ $\frac{12}{6}$　　⑧ $\frac{7}{2}$

( )　　　( )　　　( )　　　( )

教科書 📖 下100〜104ページ

サクッと
こたえ
あわせ

答え **94** ページ

17　分数
②　分数の大きさ

分母が同じ分数では、分子が大きくなるほど、分数の大きさは大きくなります。
分子が同じ分数では、分母が大きくなるほど、分数の大きさは小さくなります。
分数には、分母と分子がちがっていても、大きさの等しい分数があります。

❶ 下の図を見て、□にあてはまる分数を書きましょう。　📖教下105〜106ページ❶

60点(□1つ10)

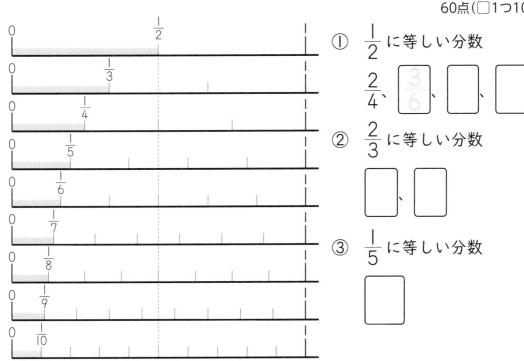

① $\dfrac{1}{2}$ に等しい分数

$\dfrac{2}{4}$ 、 $\boxed{\dfrac{3}{6}}$ 、 $\boxed{}$ 、 $\boxed{}$

② $\dfrac{2}{3}$ に等しい分数

$\boxed{}$ 、 $\boxed{}$

③ $\dfrac{1}{5}$ に等しい分数

$\boxed{}$

❷ 次の分数を、大きさの小さい方から順に書きましょう。　📖教下105〜106ページ❶

20点(1つ10)

① $\dfrac{5}{6}$ 、 $\dfrac{2}{6}$ 、 $\dfrac{4}{6}$

② $\dfrac{6}{10}$ 、 $\dfrac{6}{7}$ 、 $\dfrac{6}{9}$

（　　　　　　　　　）　　　　（　　　　　　　　　　）

❸ どちらが大きいですか。□に等号や不等号を入れましょう。　📖教下106ページ▶

20点(1つ5)

① $\dfrac{1}{3}$ $\boxed{}$ $\dfrac{1}{4}$　② $\dfrac{4}{9}$ $\boxed{}$ $\dfrac{5}{9}$　③ $\dfrac{3}{7}$ $\boxed{}$ $\dfrac{3}{8}$　④ $\dfrac{2}{3}$ $\boxed{}$ $\dfrac{4}{6}$

17 分数
③ 分数のたし算とひき算 ……(1)

分母が同じ分数のたし算では、
分母はそのままにして、
分子どうしをたします。

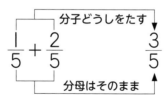

$\dfrac{1}{5}$ の (1+2)こ分だから、$\dfrac{3}{5}$ だね。

1 次の計算をしましょう。 📖教下107ページ**1**、▶、**2**　　20点(1つ5)

① $\dfrac{1}{3}+\dfrac{1}{3}$　　② $\dfrac{2}{9}+\dfrac{7}{9}$　　③ $\dfrac{3}{5}+\dfrac{4}{5}$　　④ $\dfrac{5}{7}+\dfrac{6}{7}$

帯分数のたし算では、
整数部分どうしの和と、
分数部分どうしの和を
合わせます。

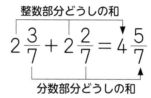

整数部分は、2+2=4ですね。

分数部分どうしの和が
仮分数になったときは、
整数部分にくり上げます。

$1\dfrac{3}{7}+\dfrac{5}{7}=1\dfrac{8}{7}=2\dfrac{1}{7}$

②1くり上げる
①仮分数になった ③真分数になった

2 次の計算をしましょう。 📖教下108ページ**2**、▶　　80点(1つ10)

① $1\dfrac{3}{7}+\dfrac{2}{7}$　　　　　② $3\dfrac{2}{4}+3\dfrac{1}{4}$

③ $3\dfrac{1}{3}+5\dfrac{1}{3}$　　　　　④ $2+1\dfrac{7}{8}$

⑤ $4\dfrac{1}{6}+2\dfrac{4}{6}$　　　　　⑥ $1\dfrac{4}{5}+\dfrac{3}{5}$

⑦ $\dfrac{6}{8}+1\dfrac{7}{8}$　　　　　⑧ $1\dfrac{5}{9}+\dfrac{4}{9}$

教科書 下107〜108ページ

サクッと
こたえ
あわせ

答え **94**ページ

17　分数
③　分数のたし算とひき算　　……(2)

分母が同じ分数のひき算では、
　分母はそのままにして、
分子どうしのひき算をします。

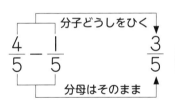

分子どうしをひく

$\dfrac{4}{5} - \dfrac{1}{5}$　　$\dfrac{3}{5}$

分母はそのまま

ちがいは、$\dfrac{1}{5}$の
(4−1)こ分だ
から、$\dfrac{3}{5}$だね。

1 次の計算をしましょう。　📖教下109ページ **3**、**2**　　　40点(1つ10)

① $\dfrac{8}{9} - \dfrac{1}{9}$　　② $\dfrac{7}{5} - \dfrac{3}{5}$　　③ $\dfrac{5}{3} - \dfrac{4}{3}$　　④ $\dfrac{6}{7} - \dfrac{4}{7}$

帯分数のひき算では、
　整数部分どうしの差と、
分数部分どうしの差を
合わせます。

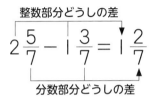

整数部分どうしの差

$2\dfrac{5}{7} - 1\dfrac{3}{7} = 1\dfrac{2}{7}$

分数部分どうしの差

整数部分は、
2−1=1
ですね。

2 次の計算をしましょう。　📖教下109ページ **1**、**2**　　　30点(1つ10)

① $2\dfrac{2}{3} - 1\dfrac{1}{3}$　　② $4\dfrac{6}{7} - 3\dfrac{2}{7}$　　③ $3\dfrac{4}{5} - \dfrac{2}{5}$

帯分数のひき算で、
　分数部分どうしのひき算ができない
ときは、ひかれる数の整数部分から
１くり下げて計算します。または、
仮分数になおして計算します。

②１くり下げる

$2\dfrac{4}{7} - \dfrac{5}{7} = 1\dfrac{11}{7} - \dfrac{5}{7} = 1\dfrac{6}{7}$

①ひき算ができない　③ひき算ができる

3 次の計算をしましょう。　📖教下110ページ **4**、**1**、**2**　　　30点(1つ10)

① $3\dfrac{2}{5} - 2\dfrac{3}{5}$　　② $1 - \dfrac{3}{7}$　　③ $5 - 3\dfrac{3}{4}$

18　直方体と立方体
① 直方体と立方体

1 次の ▢ にあてはまることばを書きましょう。　 教下115〜116ページ**1**

40点(▢1つ10)

① 右の⑥のように、長方形だけでかこまれ

ている形や、▢ と長方形でかこ

まれている形を ▢ といいます。

② 右の⑥のように、正方形だけでかこまれ

ている形を ▢ といいます。

③ ⑥や⑥の面のように、平らな面のことを

▢ といいます。

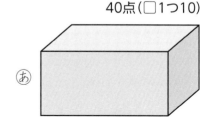

⑥

⑥

2 次の立方体と直方体について、次の ▢ にあてはまる数を書きましょう。

 教下116ページ▶　60点(▢1つ10)

①

3cm
3cm
3cm

㋐ 面の数は何こですか。　▢ こ

㋑ 辺の数は何本ですか。　▢ 本

㋒ 頂点の数は何こですか。　▢ こ

②

3cm
3cm
6cm

㋐ 正方形の面は何こありますか。　▢ こ

㋑ 6cm の長さの辺は何本ありますか。

▢ 本

㋒ 頂点の数は何こですか。　▢ こ

②の直方体は、
正方形と長方形で
囲まれているね。

教科書 下114〜116ページ

時間 15分　合かく 80点　/100　月　日

サクッと
こたえ
あわせ

答え 95ページ

18 直方体と立方体
② 展開図

1 右の展開図を組み立てます。　📖教下118ページ❷　60点(全部できて1つ20)

① 面アイスセと向き合う面はどれですか。

(　　　　　　)

② 次の点と重なる点はどれですか。

点セ (　　　　　　)

点ケ (　　　　　　)

点ア (　　　　) (　　　　)

③ 次の辺と重なる辺はどれですか。

辺セス (　　　　　　)　辺ケコ (　　　　　　)

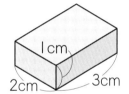

2 右のような直方体の展開図を、2通り
かきます。下に続きをかきましょう。

📖教下119ページ❷　40点(1つ20)

展開図は、
何通りも
あるね。

①

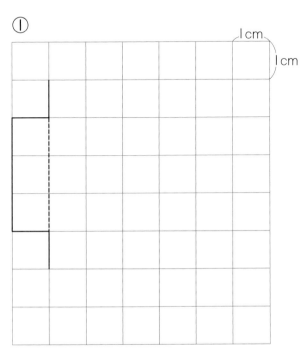

②

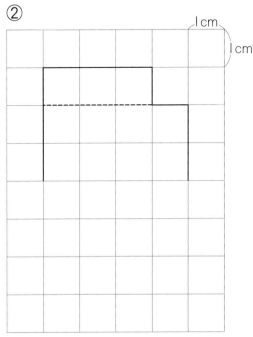

教科書 📖 下117〜120ページ

18 直方体と立方体
③ 面や辺の垂直と平行

[直方体や立方体のとなり合っている2つの面は垂直で、交わらない2つの面は平行です。]

1 右の図は、直方体の箱です。 教下121ページ**1**、▶、122ページ**2** 　25点

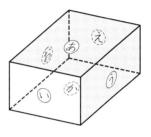

① 面あに垂直な面はどれですか。　全部できて15点

（　　　　　）（　　　　　）
（　　　　　）（　　　　　）

② 面おに平行な面はどれですか。　10点

（　　　　　）

2 右の図は、立方体の箱です。 教下122ページ**2**、▶　30点（全部できて1つ15）

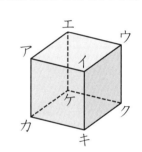

① 辺アエに垂直な辺はどれですか。

（　　　　　）（　　　　　）
（　　　　　）（　　　　　）

② 辺アエに平行な辺はどれですか。

（　　　　）（　　　　）（　　　　）

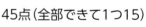

1本の辺に垂直な辺
は4本、平行な辺は
3本あるね。

3 右の図は、直方体の箱です。 教下123ページ**3**　45点（全部できて1つ15）

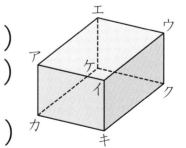

① 面アイウエに垂直な辺はどれですか。

（　　　　　）（　　　　　）
（　　　　　）（　　　　　）

② 辺イウに垂直な面はどれですか。

（　　　　　）（　　　　　）

③ 面イキクウに平行な辺はどれですか。

（　　　）（　　　）（　　　）（　　　）

教科書 下121〜123ページ

時間 15分　合かく 80点　／100

サクッと
こたえ
あわせ

答え 95ページ

18　直方体と立方体
④　見取図

1 次の□にあてはまることばを書きましょう。　📖教下124〜125ページ▶

50点(□1つ10)

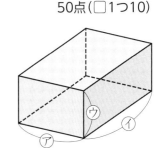

①　直方体の大きさは、１つの頂点に集まった

３つの辺の⑦□、⑦□、

⑦□の長さで表します。

②　立方体の大きさは、□の長さで表します。

③　右上の図のように、形全体のようすがひと目でわかるようにかいた図を、□といいます。

2 直方体の見取図の続きをかきましょう。　📖教下124〜125ページ▶　50点(1つ25)

①

②

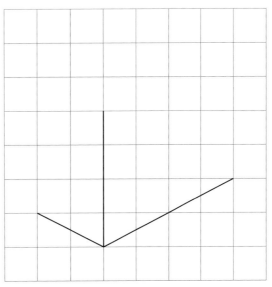

見えない辺は、点線でかきましょう。
平行な辺は、平行にかきましょう。

教科書📖 下124〜125ページ

時間 15分 ／ 合かく 80点 ／100 ／ 月 日

サクッと
こたえ
あわせ
答え 95ページ

18 直方体と立方体
⑤ 位置の表し方

[平面のものの位置を表すとき、(2の4)のように、2つの数の組で表すことができます。]

1 タイルが下のあのようにならんでいます。 📖教下126ページ**1**、127ページ▶ 60点

あ
4
3
2
1
　1 2 3 4 5

い
4 ⑦ ④
3
2
1
　1 2 3 4 5

① 10まいのタイルを取って、漢字の土を作りましょう。

　いで、取った10まいのタイルの位置は、たとえば、⑦のタイルは(1の4)、④のタイルは(2の4)のように表します。取った10まいのうちの残りの8まいのタイルの位置を表しましょう。 40点(1つ5)

(の)、(の)、(の)、(の)
(の)、(の)、(の)、(の)

② いの(2の3)のタイルを取ると、どんな漢字になりますか。 20点

( )

[空間にある点の位置は、3つの数の組で表すことができます。]

2 旗の立っている位置をもとにして、植物の位置を、数の組で表しましょう。

📖教下128ページ**2** 40点(1つ20)

① ヒマワリは、横に1、たてに2、上へ1のところにあるので、ヒマワリの位置は(1の2の1)と表します。

　ケヤキの位置を表しましょう。

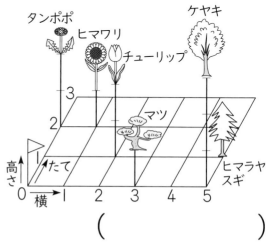

( )

② (2の1の2)にある植物は、何ですか。 ( )

教科書 📖 下126～128ページ

19 ともなって変わる量 ……(1)

身のまわりには、1つの量が変わると、それにともなって変わる量があります。ともなって変わる2つの量の関係を調べるとき、表や式で表すとわかりやすくなります。

❶ 500円をもって、1つ100円のドーナツを買いに行きます。

📖教 下133〜134ページ❶、134ページ▶　45点(①空らん1つ5、②20)

① ドーナツの代金とおつりの変わり方を、表に表して調べましょう。

ドーナツの代金とおつり

ドーナツの代金(円)	100	200	300	400	500
おつり (円)					

② ドーナツの代金を□円、おつりを〇円として、□と〇の関係を式に表しましょう。

式 [　　　　　　　]=500

❷ たての長さが6cmの長方形があります。横の長さが変わると、面積はどのように変わりますか。次の問題に答えましょう。　📖教 下135ページ❷　55点

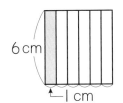

6cm
1cm

長方形の横の長さと面積

横の長さ(cm)	1	2	3	4	5	6
面積(cm²)	6	㋐	㋑	㋒	㋓	㋔

① 上の表の㋐〜㋔に数を書きましょう。　25点(1つ5)

② 横の長さと面積の間には、どのような関係がありますか。
横の長さを□cm、面積を〇cm²として、□と〇の関係を式に表しましょう。　15点(□1つ5)

式 たての長さ [　] × 横の長さ [　] = 面積 [　]

③ 面積が54cm²のとき、横の長さは何cmですか。　15点

(　　　　　　)

19 ともなって変わる量 ……(2)

1 1辺の長さが1cmの正方形を下の図のようにならべていきます。

教下136〜137ページ **3**　50点(①空らん1つ5、②・③1つ10)

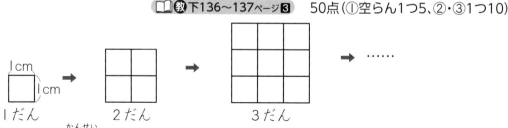

1cm 1cm　1だん　2だん　3だん　……

① 下の表を完成させましょう。

だんの数とまわりの長さ

だんの数（だん）	1	2	3	4	5	6	7
まわりの長さ(cm)	4						

② だんの数とまわりの長さの関係を、だんの数を□だん、まわりの長さを〇cmとして式に表しましょう。

式 　　　　　　　　 ＝〇

③ だんの数が12のとき、まわりの長さは何cmになりますか。

（　　　　　　）

2 下の表は、浴そうに水を入れたときにかかった時間と、たまった水の量を表したものです。　教下138ページ **4**　50点(①30、②・③1つ10)

水を入れた時間とたまった水の量

時間（分）	0	2	4	6	8
水の量(L)	0	4	8	12	16

① 表をもとにして、折れ線を右のグラフにかきましょう。

② 水を入れ始めてから5分後の水の量は何Lですか。

（　　　　　　）

③ 水を入れ始めてから12分後の水の量は何Lだと予想できますか。

（　　　　　　）

水を入れた時間とたまった水の量

(L) 20　15　10　5　0

たまった水の量

0 1 2 3 4 5 6 7 8 9 10(分)

時間

教科書 **下136〜138ページ**

20 しりょうの活用

サクッと こたえ あわせ
答え 96ページ

[2つの量を1つのグラフに表すと、それらの関係がわかりやすくなります。]

⚠️ミスに注意!

1 　下は、ある町で8月6日から14日までの、熱中しょうで救急車で病院に運ばれた人数をぼうグラフに、最高気温を折れ線グラフに、それぞれ表したものです。

📖教 下144ページ❶❸、145〜147ページ❷　100点(①・②1つ10、③1つ20)

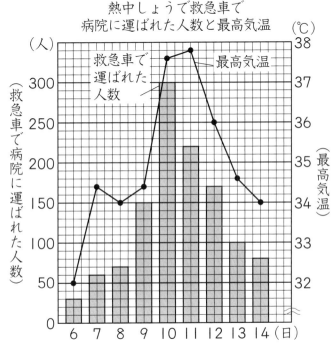

熱中しょうで救急車で
病院に運ばれた人数と最高気温

① 　救急車で運ばれた人数がいちばん多い日といちばん少ない日を答えましょう。また、それぞれの人数は何人ですか。

いちばん多い日　(10日) (300人)

いちばん少ない日　(　　　) (　　　)

② 　最高気温がいちばん高いのは何日ですか。また、その日は何℃ですか。

(　　　) (　　　)

③ 　最高気温の変わり方がいちばん大きいのは何日と何日の間ですか。また、そのとき、病院に運ばれた人はふえていますか。へっていますか。

(　　　　　) (　　　)

大きい数／折れ線グラフ／角／1けたで
わるわり算／2けたでわるわり算

時間 15分　合かく 80点 ／100　月　日

サクッと
こたえ
あわせ

答え 96ページ

1 次の数を数字で書きましょう。　　　　　　　10点(1つ5)

① 500億の100倍の数。　② 420兆の $\frac{1}{10}$ の数。

（　　　　　　　　） （　　　　　　　　　）

 2 まゆみさんは、1日の気温の変わり方を調べて、折れ線グラフに表しま
した。次の問題に答えましょう。

10点(全部できて1つ5)

① 午後3時の気温は何℃ですか。

（　　　　　　　）

② 気温の変わり方がいちばん大きいのは、
何時から何時の間ですか。

（　　　　　）時から（　　　　　）時の間

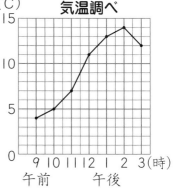

（℃）　気温調べ

3 三角じょうぎを組み合わせて、角を作りまし
た。それぞれ何度ですか。　　20点(1つ10)

㋐（　　　　　　） ㋑（　　　　　　）

 4 次の筆算をしましょう。商は整数で求め、あまりも書きましょう。 60点(1つ10)

① 4)507

② 8)964

③ 6)627

④ 34)104

⑤ 17)688

⑥ 56)590

しりょうの整理／垂直・平行と四角形
がい数／式と計算／小数

1 ゆきえさんのクラスは 37 人で、
弟のいる人 …………… 9人
妹のいる人 …………… 8人
どちらもいない人 ……25 人
です。右の表の⑦～⑤に、人数を書き
入れましょう。　　　全部できて20点

		弟		合計
		いる	いない	
妹	いる	⑦	⑦	8
	いない	⑦	25	29
合計		9	⑦	37

(人)

2 右のひし形の図の □ にあてはまる数を書きましょう。
　　　　　　　　　　　　　20点(1つ10)

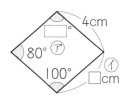

⑦ [　　　]°　　⑦ [　　　]cm

3 家族で水族館に行きます。かかる費用は、右の表
の通りです。約何円持っていけばたりますか。代金
をそれぞれ切り上げて、千の位までのがい数にして
から計算しましょう。　　　20点(式10・答え10)

かかる費用

こうもく	金がく(円)
電車代	3360
入館料	2700
食事代	2400

式

答え（　　　　　　　　　　）

4 次の計算をしましょう。　　　　　　　30点(1つ10)
① 450−(260−70)　　② 18+4×(34−26)

③ (16−9)×(3+7)

5 次の □ にあてはまる数を書きましょう。　　10点(1つ5)
① 2.6 は、0.1 が [　　] こ分。　② 0.1 が [　　] こ分で3。

時間 15分　合かく 80点 ／100　月　日

答え 96 ページ

サクッと
こたえ
あわせ

面積／計算のしかたを考えよう／小数の かけ算とわり算／分数／直方体と立方体

1 次の図形の面積を求めましょう。　20点(1つ10)

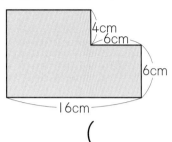

① 4cm 6cm 6cm 16cm

② 4m 4m 10m 14m

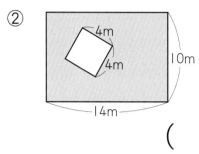

（　　　　　）　　　　　（　　　　　）

2 8.4L の水を、6本のびんに同じように分けると、1本分は何 L になりますか。　15点(式10・答え5)

式

答え（　　　　　）

3 筆算をしましょう。　35点(1つ5)

①　　3.4
　　×　6

②　　0.5
　　×　4

③　　0.06
　　×　　5

④　　5.4
　　×78

⑤　16)59.2

⑥　7)1.4

⑦　5)9.1

4 次の計算をしましょう。　20点(1つ5)

① $2\frac{3}{5}+\frac{2}{5}$　　② $2+\frac{5}{6}$　　③ $1\frac{5}{9}-\frac{7}{9}$　　④ $3-1\frac{1}{8}$

5 右の図は、立方体の箱です。　10点(全部できて1つ5)

① 辺アイに平行な辺はどれでしょうか。

（　　　　）（　　　　）（　　　　）

② 辺ウクに垂直な面はどれでしょうか。

（　　　　　）（　　　　　）

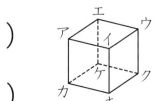

●ドリルやテストが終わったら、うしろの
　「がんばり表」に色をぬりましょう。
●まちがえたら、かならずやり直しましょう。
　「考え方」もよみ直しましょう。

1. 1 大きい数 （1ページ）

❶ ①

	千	百	十	一	千	百	十	一		千	百	十	一
		億				万							
		7	5	6	0	0	0	0	0	0	0	0	0 |人

②6　　　　　③100 こ分

④ 七十五億六千万

❷ ① 十億　　②100000000000

❸ 二百三十六兆五千億

（考え方）❶ 万、億が表す位の中は、一、十、百、千のくり返しになっています。

2. 1 大きい数 （2ページ）

❶

千	百	十	一	千	百	十	一		千	百	十
		億				万					
				6	2	0	4	8	5		
			6	2	0	4	8	5	0		
		6	2	0	4	8	5	0	0		
	6	2	0	4	8	5	0	0	0		

❷ ①1700 億　　　　②4億 6000 万

❸ ①2000 万、8000 万、1億 3000 万
　②50 億、130 億
　③5000 億、8000 億、1兆 3000 億

❹ ① <　　　　　　②>

（考え方）❶ 表の位が1つ左へ進むごとに、数は 10 倍になります。
❸ まず、数直線の1目もりがいくつを表しているのかに注目しましょう。

3. 1 大きい数 （3ページ）

❶ ①9876543210　②1023456789

❷ ①50、7300　　②5、7、3
　③507300

❸ ①500009003000000
　②31500000000000

考え方 ❸ ②1億を 10000 こ集めた数は、1兆です。

4. 1 大きい数 （4ページ）

❶ ①ⓐ4100000000、5500000000
　　ⓘ14 億、55 億
　② 式　41億－14億＝27億
　　　　　　　　答え　27 億円

❷ ①125 億　　　②803 兆
　③44 万　　　　④413 億

❸ 式　32 万÷4＝8万
　　　　　　　　答え　8万円

❹ ①712 億　　　②6240 兆
　③90 万　　　　④46 億

（考え方）❸ 320000 は、32 万として考える方がわかりやすいです。

5. 2 折れ線グラフ （5ページ）

❶ ① 横のじく…月、たてのじく…気温
　②24　　　③3　　　④那覇、29
　⑤仙台、10、11

（考え方）❶ ⑤ グラフの線のかたむきがいちばん大きいところをさがします。

6. 2 折れ線グラフ （6ページ）

❶ ①単位　　　②横　　　　③たて
　④点　　　　⑤直線　　　⑥表題(題名)
　⑦1、10　　⑧1.4　　　⑨大きい

（考え方）❶ 折れ線グラフは、ものの変わっていくようすを表すのに便利です。
折れ線グラフをかくときは、変わり方がよくわかるように、たてのじくの1目もりのつけ方をくふうしましょう。

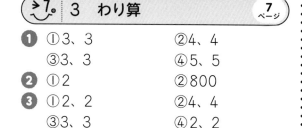

7. 3 わり算 【7ページ】

1 ①3、3　　②4、4
　　③3、3　　④5、5

2 ①2　　②800

3 ①2、2　　②4、4
　　③3、3　　④2、2

考え方 2 ①わられる数とわる数を同じ
数でわって計算しても、商は変わらないと
いうわり算のきまりを使います。

$$90 \div 18 = 5$$
$$\div 9 \quad \div 9 \quad \cdots\cdots 同じ数でわる$$
$$10 \div \boxed{2} = 5$$

②わられる数とわる数に同じ数をかけて
計算しても、商は変わらないというわり算
のきまりを使います。

$$200 \div 25 = 8$$
$$\times 4 \quad \times 4 \quad \cdots\cdots 同じ数をかける$$
$$\boxed{800} \div 100 = 8$$

8. 3 わり算 【8ページ】

1 ①80、4　②8、4　③20まい

2 式　900÷3＝300

　　　　　　　答え　300まい

3 ①20　②30　③200　④400

考え方 1 10まいを1たばと考えると、
8÷4＝2で、1人分は2たばになります。

9. 4 角 【9ページ】

1 直角、回転、度

2 ①50°　　②120°

3 ①220°　　②320°

4 ⑦110°　　④70°
　　⑤110°

考え方 4 2本の直線が交わるとき、向
かい合う角の大きさは等しくなります。

10. 4 角 【10ページ】

1 ①　　　　②

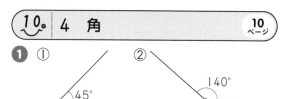

---

③ 255°　　**④** 330°

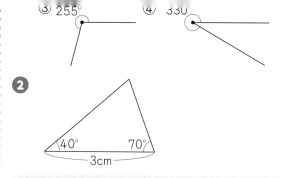

2

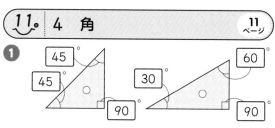

考え方 2 長さ3cmの辺を引き、その両
はしの点から、分度器を使って、40°と
70°の大きさの角をかきましょう。

11. 4 角 【11ページ】

1

（図）45、45、90　　30、60、90

2 ⑦135°　④120°　⑤45°　④15°

考え方 2 ⑦45°＋90°＝135°
④180°−60°＝120°
⑤90°−45°＝45°、④45°−30°＝15°

12. 5 （2けた）÷（1けた）の計算 【12ページ】

1 ①72、4
　　②⑦32　④32　⑤32　④8
　　④8　⑤18　④18

2 式　[96]÷[8]＝[12]

　　　　　　　答え　12ページ

考え方 2 まず、わる数と同じ数だけ、10
ずつのかたまりをつくると考えやすくなり
ます。はじめに8日に10ページずつ分け
ると、残りは16ページです。この残りの
16ページを8日に等しく分けると、1日
2ページずつになります。1日分は、この
2ページと前の10ページを合わせて、
12ページとなります。

82

13. 6 1けたでわるわり算 　13ページ

❶

①
```
    5
4)23
  20
   3
```
②
```
    7
7)50
  49
   1
```
③
```
   1
5)8
  5
  3
```

④
```
   8
6)48
  48
   0
```
⑤
```
   7
9)63
  63
   0
```
⑥
```
   3
3)9
  9
  0
```

❷

①
```
   8
8)64
  64
   0
```
②
```
   5
7)38
  35
   3
```

たしかめ
8×⑧=64

たしかめ
7×⑤+③=38

考え方 ❶ ①「四六24」では、23より大きくなるので、「四五20」の5がたちます。あまりが、わる数より小さくなっていることをたしかめましょう。

14. 6 1けたでわるわり算 　14ページ

❶

①
```
   47
2)94
  8
  14
  14
   0
```
②
```
   25
3)75
  6
  15
  15
   0
```
③
```
   14
6)84
  6
  24
  24
   0
```

④
```
   12
7)84
  7
  14
  14
   0
```
⑤
```
   15
5)75
  5
  25
  25
   0
```
⑥
```
   24
4)96
  8
  16
  16
   0
```

❷ 式　37÷3=12あまり1

　　答え　12ふくろできて、1こあまる。

❸

①
```
   14
6)85
  6
  25
  24
   1
```
②
```
   31
2)63
  6
   3
   2
   1
```

たしかめ
6×14+1=85

たしかめ
2×31+1=63

---

③
```
   20
4)83
  8
  3
```

たしかめ
4×20+3=83

考え方 ❶ わられる数の十の位の数が、わる数よりも大きいので、商は十の位からたちます。

❸ ③わられる数の一の位をおろして、商がたたない場合は、商の一の位に0を書きます。

15. 6 1けたでわるわり算 　15ページ

❶

①
```
   324
2)648
  6
  4
  4
  8
  8
  0
```
②
```
   132
3)396
  3
  9
  9
  6
  6
  0
```
③
```
   221
4)884
  8
  8
  8
  4
  4
  0
```

④
```
   194
4)776
  4
  37
  36
  16
  16
   0
```
⑤
```
   135
5)675
  5
  17
  15
  25
  25
   0
```
⑥
```
   152
6)912
  6
  31
  30
  12
  12
   0
```

❷ 式　931÷7=133

　　　　　　　　　　答え　133こ

❸

①
```
   240
2)480
  4
  8
  8
  0
```
②
```
   105
9)946
  9
  46
  45
   1
```

考え方 ❶ わり算の筆算は、大きい位から順に計算していきます。

83

❶ ①
```
        47
  5)235
    20
    35
    35
     0
```
②
```
        79
  8)632
    56
    72
    72
     0
```
③
```
        81
  4)324
    32
     4
     4
     0
```

④
```
        43
  7)301
    28
    21
    21
     0
```
⑤
```
        56
  3)170
    15
    20
    18
     2
```
たしかめ
$3×56+2=170$

⑥
```
        39
  6)238
    18
    58
    54
     4
```
⑦
```
        86
  7)603
    56
    43
    42
     1
```
たしかめ
$6×39+4=238$

たしかめ
$7×86+1=603$

考え方 ❶ 商をたてる位をまちがえないようにしましょう。

❶ ①30 ②10
③200 ④100

❷ ①9あまり2 ②7あまり5
③17 ④16あまり3
⑤127 ⑥272あまり1
⑦83 ⑧46あまり3
⑨230あまり3 ⑩90
⑪107 ⑫105あまり3

❸ 式 $746÷6=124$ あまり2
答え 124たばできて、2本あまる。

考え方 ❸ あまりが、わる数より小さくなっていることをたしかめましょう。

おうちのかたへ わる数×商＋あまり＝わられる数で、答えの確かめをするようにしましょう。
❷ わり算の筆算で、商の一の位が0になるときの0を書き忘れないようにしましょう。

❶ ①

けがをした場所	人数(人)	
体育館	正	5
ろうか	一	1
運動場	下	4
教室	丅	2
合計		12

けがの種類	人数(人)	
すりきず	正	5
打ぼく	丅	2
ねんざ	丅	2
切りきず	下	3
合計		12

②

場所＼種類	すりきず		打ぼく		ねんざ		切りきず		合計
体育館	丅	2	一	1	一	1	一	1	5
ろうか		0	一	1		0		0	1
運動場	下	3		0	一	1		0	4
教室		0		0		0	丅	2	2
合計	5		2		2		3		12

③ 運動場で起きたすりきず

考え方 数えわすれや重なりがでないように注意しましょう。
❶ ②けがをした場所と、けがの種類の両方がわかる表です。

❶ ①

(人)

		先週		合計
		借りた	借りていない	
今週	借りた	12	10	22
	借りていない	8	4	㋐ 12
合計		㋑ 20	㋒ 14	㋓ 34

②10人 ③12人 ④20人 ⑤34人

❷

(人)

		犬		合計
		かっている	かっていない	
ねこ	かっている	4	8	12
	かっていない	10	7	17
合計		14	15	29

考え方 ❷ まずわかっている人数を書き入れます。たての合計では、クラスの人数からねこをかっている人の人数をひいて、ねこをかっていない人の人数を求めます。ほかの人数も、ひき算をくり返して求めます。

20. ⑧ 2けたでわるわり算 （20ページ）

❶ 60÷30…2
　100÷30…3、10

❷ ①1　　　　　②6
　③4　　　　　④1あまり20
　⑤5あまり10　⑥5あまり40
　⑦6あまり70

考え方 ❶ 100÷30では、10のまとまりが1つあまるので、あまりは1ではなく、10になります。

21. ⑧ 2けたでわるわり算 （21ページ）

❶
```
①      2        ②      2        ③      2
   43)86           31)62           14)29
      86              62              28
       0               0               1
```

❷ ①かりの商　　②小さく

❸
```
①      4        ②      3        ③      2
   13)59           26)85           36)92
      52              78              72
       7               7              20

④      5        ⑤      2        ⑥      4
   12)70           29)81           15)64
      60              58              60
      10              23               4
```

考え方 ❸ ①50÷10と考えて、5÷1で商の見当をつけます。
59から65はひけないので、かりの商を1小さくします。
```
        5            4
   13)59   →    13)59
      65            52
                     7
```

22. ⑧ 2けたでわるわり算 （22ページ）

❶
```
①      3        ②      3        ③      5
   53)159          74)222          68)375
      159             222             340
        0               0              35
```

```
④      7        ⑤      6
   72)571          38)237
      504             228
       67               9
```

❷
```
①      9        ②      9        ③      8
   32)309          26)258          27)217
      288             234             216
       21              24               1

④      8        ⑤      7
   17)136          16)119
      136             112
        0               7
```

考え方 ❷ ①300÷30と考えて、30÷3で商の見当をつけます。10より大きい数がかりの商にたつときは、9をかりの商とします。

23. ⑧ 2けたでわるわり算 （23ページ）

❶
```
①     43        ②     25        ③     31
   19)817          17)428          28)882
      76              34              84
      57              88              42
      57              85              28
       0               3              14

④     18        ⑤     18
   35)630          31)570
      35              31
     280             260
     280             248
       0              12
```

考え方 ❶ わり算の筆算は、まず商のたつ位を決めます。そして、「たてる」、「かける」、「ひく」、「おろす」のくり返しで計算していきます。

24. ⑧ 2けたでわるわり算 （24ページ）

❶
```
①     40        ②     30        ③     20
   19)770          32)979          44)912
      76              96              88
      10              19              32

④     10        ⑤     10        ⑥     30
   68)704          56)601          27)815
      68              56              81
      24              41               5
```

② ①

$$125\overline{)375}$$
$$375$$
$$0$$
商 3

② $276\overline{)728}$
552
176
商 2

③
$$600\overline{)5500}$$
$$54$$
$$1$$
商 9

答え 9あまり100

たしかめ 600×9+100=5500

考え方 ② かりの商をたてて、商の見当をつけます。① わる数の125を100とみて、かりの商をたてます。同じように、② では276を300とみます。

25. 8 2けたでわるわり算 25ページ

❶ 式 24×4=96　　　答え 96こ
❷ 1つ分の数…12　　全部の数…84
　　式 84÷12=7　　　答え 7箱
❸ 全部の数…128　　いくつ分…8
　　式 128÷8=16　　答え 16こ

考え方 ❶ わかっている数は、1つ分の数（24こ）と、いくつ分（4箱）なので、1つ分の数（こ）×いくつ分（箱）＝全部の数（こ）に数字をあてはめます。
❷ 全部の数（こ）÷1つ分の数（こ）＝いくつ分（箱）
❸ 全部の数（こ）÷いくつ分（人）＝1つ分の数（こ）

26. 8 2けたでわるわり算 26ページ

❶ ①3　　　　　②6あまり20
　③3あまり2　④2あまり11
　⑤3　　　　　⑥3あまり6
　⑦3あまり1　⑧7あまり1
　⑨6　　　　　⑩5
　⑪3あまり20　⑫9あまり21
　⑬31　　　　　⑭27
　⑮20あまり20　⑯30

❷ ①
$$200\overline{)1200}$$
$$12$$
$$0$$
商 6

② $7000\overline{)28000}$
28
0
商 4

考え方 ❶ ⑤40÷10と考えて、4÷1で商の見当をつけます。
45から60はひけないので、かりの商を1小さくします。

$15\overline{)45}$ → $15\overline{)45}$
60　　45
　　　　　　0

おうちのかたへ ❶ ⑮、⑯商の一の位に0がたつわり算では、0を書き忘れないように注意しましょう。

27. 倍の計算（1） 27ページ

❶ 式 540÷180=3　　　答え 3倍
❷ 式 720÷120=6　　　答え 6倍
❸ 式 25×30=750　　　答え 750cm

考え方 ❶、❷ 何倍かを求めるときは、わり算を使って計算します。

28. 大きい数／わり算／角 28ページ

⭐ ①1080030000000000
　②2000070000600000
　③3041000000000
　④8200000000000
　⑤5600000000000
⭐ ①1200万　②230億　③5920億
⭐ ①600　　　②2
⭐ ①
105°

② 230°

考え方 ⭐ ②180°より大きな角をはかったり、かいたりするときは、360°よりどれだけ小さいかを考えます。

おうちのかたへ ⭐ 0の数をまちがえないようにしましょう。

86

⚴。折れ線グラフ／しりょうの整理

★1 ①2cm ②120cm
③あいさん ④1年生
⑤3年生から4年生の間
⑥あいさん…28cm、ゆたかさん…14cm

★2 ⑦4 ⑦8 ⑦12
⑦23 ⑦19

考え方 **★1** ①10cm が 5 等分されている
ので、1目もりは 10÷5=2 (cm)です。
④点と点の広がりがいちばん大きいとき
なので1年生のときです。そのちがいは、
118−110=8 (cm)です。
⑥あいさん…138−110=28(cm)
ゆたかさん…132−118=14(cm)

30。 1けたでわるわり算／2けたでわるわり算

★1 ①29 ②11 あまり 3
③164 ④53 あまり 3
⑤108 ⑥9
⑦2 あまり 3 ⑧2 あまり 30
⑨3 あまり 11 ⑩8
⑪4 あまり 12

★2 式 163÷16=10 あまり 3
答え 1人分は 10こで、あまりは3こ。

おうちの かたへ わり算の筆算のテストでは、時間が
あれば、答えの確かめをしましょう。点数
アップにつながります。

31。 9 垂直・平行と四角形

★1 ⑦、⑰
★2 ⑥
★3

（図：ア を通る垂直な直線）

考え方 **★3** 分度器や三角じょうぎの直角を
利用して、垂直な直線をかきます。

32。 9 垂直・平行と四角形

★1 ⑥と⑰、⑯と⑱
★2 ①⑰120° ⑮60° ⑰120° ⑯60°
②3cm
★3

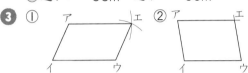

考え方 **★3** 三角じょうぎを 2 まい使った
り、ものさしと三角じょうぎを使って、平
行な直線をかきます。

33。 9 垂直・平行と四角形

★1 台形…⑥、⑰、⑱
平行四辺形…⑰、⑯

★2 ①角イ…60° 角ウ…120°
②辺アエ…8cm 辺ウエ…6cm

★3 ① （平行四辺形 アイウエ） ② （平行四辺形 アイウエ）

考え方 **★3** 平行四辺形のせいしつを使って、
図をかきます。
①コンパスでウを中心に半径アイの円の
一部をかき、アを中心に半径イウの円の一
部をかきます。この 2 つの円の一部の交
点の 1 つをエとします。
②三角じょうぎを使って、アイに平行な
直線と、イウに平行な直線をかき、交点を
エとします。

34。 9 垂直・平行と四角形

★1 ⑥、⑱、⑰、⑯
★2 ⑦
★3 ①5cm ②⑦140° ⑦40°

考え方 **★2** 同じ半径の円を使ってかける四
角形は、4 つの辺の長さが等しいひし形で
す。

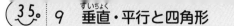

35 9 垂直・平行と四角形 35ページ

① ①エ、オ ②ウ、オ ③イ、ウ、エ、オ

② ①
(例)(れい)

② (例)

③ 長方形

考え方 ② ひし形と正方形の対角線は垂直(たいかくせん)に交わること、また2本の対角線はそれぞれの真ん中で交わることを使ってかきます。

36 倍の計算(2)～かんたんな割合(わりあい)～ 36ページ

① ① 式 120−60＝60

答え 60cm

② 式 240−80＝160

答え 160cm

③ 式 120÷60＝2

答え 2倍

④ 式 240÷80＝3

答え 3倍

⑤ 白色のゴム

37 10 がい数 37ページ

① がい数、約(やく)、未満(みまん)、以上(いじょう)、四捨五入(ししゃごにゅう)

② ①2000 ②23000
③320000 ④70000
⑤240000

考え方 ② 〔 〕の中の位(くらい)を四捨五入しないように注意しましょう。がい数で表す位の1つ下の位を四捨五入します。一万の位までのがい数で表すときは、千の位を四捨五入しましょう。

38 10 がい数 38ページ

① ①1けた…5000、2けた…4700
②1けた…60000、2けた…55000
③1けた…80000、2けた…82000

② ① いちばん小さい数…2500
いちばん大きい数…3499
②2500、3500

考え方 ① 上から1けたのがい数を求め(もと)るには、次の2けた目の数を四捨五入します。

39 10 がい数 39ページ

① ①4700 ②8400 ③14000
④5600 ⑤31000

② ①7000 ②5000 ③30000
④6000 ⑤40000

考え方 ② 0の数に注意しましょう。

40 10 がい数 40ページ

① ① 式 5000＋3000＝8000

答え 約8000人

② 式 5500−4800＝700

答え 約700人

② ①300×300＝90000
②8000÷40＝200

③
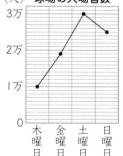

(人) 球場の入場者数

考え方 ① ②十の位を四捨五入します。

50 西町   0 北町
5478 ⟶ 5500   4815 ⟶ 4800

③ 1目もりは1000人です。

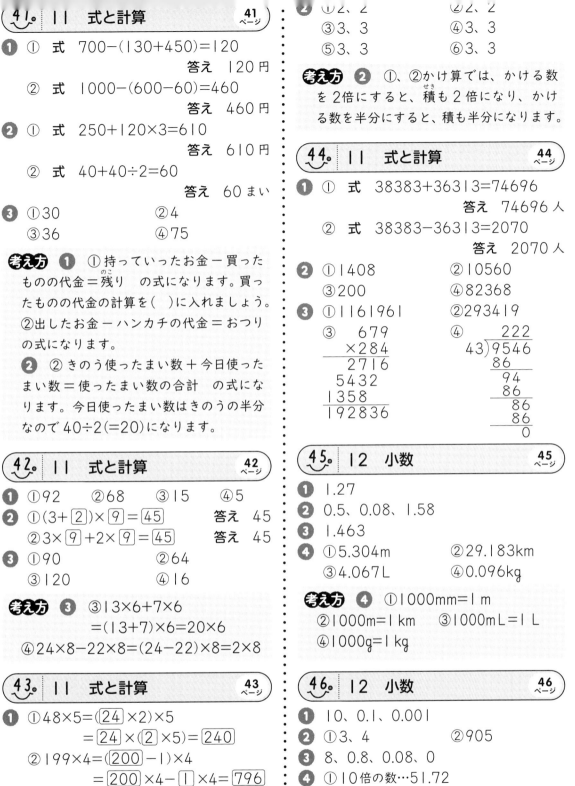

②①2、2　　　　②2、2
③3、3　　　　④3、3
⑤3、3　　　　⑥3、3

考え方 ❷ ①、②かけ算では、かける数を2倍にすると、積も2倍になり、かける数を半分にすると、積も半分になります。

---

41. 11 式と計算

❶ ① 式　700−(130+450)=120
　　　　　　　　　　答え　120円
　② 式　1000−(600−60)=460
　　　　　　　　　　答え　460円
❷ ① 式　250+120×3=610
　　　　　　　　　　答え　610円
　② 式　40+40÷2=60
　　　　　　　　　　答え　60まい
❸ ①30　　　　　　②4
　③36　　　　　　④75

考え方 ❶ ①持っていったお金ー買ったものの代金＝残り　の式になります。買ったものの代金の計算を(　)に入れましょう。②出したお金ーハンカチの代金＝おつりの式になります。
❷ ②きのう使ったまい数＋今日使ったまい数＝使ったまい数の合計　の式になります。今日使ったまい数はきのうの半分なので40÷2(=20)になります。

---

42. 11 式と計算

❶ ①92　　②68　　③15　　④5
❷ ①(3+②)×⑨=⑮　　　答え　45
　②3×⑨+2×⑨=⑮　　　答え　45
❸ ①90　　　　　②64
　③120　　　　④16

考え方 ❸ ③13×6+7×6
　　　　　　=(13+7)×6=20×6
　④24×8−22×8=(24−22)×8=2×8

---

43. 11 式と計算

❶ ①48×5=(⑳)×2)×5
　　　　=⑳×②×5)=⑳
　②199×4=(⑳−1)×4
　　　　=⑳×4−①×4=⑳
　③25×28=25×(4×7)
　　　　=(25×4)×7=700
　④104×12=(100+4)×12
　　　　=1200+48=1248

---

44. 11 式と計算

❶ ① 式　38383+36313=74696
　　　　　　　　答え　74696人
　② 式　38383−36313=2070
　　　　　　　　答え　2070人
❷ ①1408　　　　②10560
　③200　　　　　④82368
❸ ①1161961　　②293419
　③　　679
　　×284
　　2716
　　5432
　1358
　192836
　④222
　43)9546
　　86
　　94
　　86
　　86
　　86
　　0

---

45. 12 小数

❶ 1.27
❷ 0.5、0.08、1.58
❸ 1.463
❹ ①5.304m　　②29.183km
　③4.067L　　④0.096kg

考え方 ❹ ①1000mm=1m
②1000m=1km　③1000mL=1L
④1000g=1kg

---

46. 12 小数

❶ 10、0.1、0.001
❷ ①3、4　　　　　　②905
❸ 8、0.8、0.08、0
❹ ①10倍の数…51.72
　　$\frac{1}{10}$の数…0.5172
　②10倍の数…68.4
　　$\frac{1}{10}$の数…0.684

① ①0.99　②7.87　③3.92　④5.79
⑤9.98　⑥0.87　⑦8.08　⑧7.09
⑨0.9　⑩5.3　⑪5.22　⑫6

②
①　4.21
＋3.68
　7.89

②　6.52
＋2.65
　9.17

③　4.57
＋5.2
　9.77

④　7.02
＋0.98
　8.00

③ 式　3.85＋1.76＝5.61

答え　5.61m

考え方 **①** ⑨、⑩、⑫和の小数点より右の、終わりにある０は消します。

① ①1.23　②4.5　③0.3　④1.86
⑤6.29　⑥0.81　⑦1.94　⑧2.29
⑨0.78　⑩3.55　⑪4.02　⑫0.32

②
①　5.76
－2.34
　3.42

②　0.73
－0.35
　0.38

③　9.08
－7.29
　1.79

④　3.84
－2.9
　0.94

③ 式　1.5－0.35＝1.15

答え　1.15L

考え方 **③** L単位で答えを求めるので、単位をLにそろえて計算します。
1L＝1000mLなので、350mL＝0.35L

① ①左　②右　③一　④千
② ①
③ ① 式　47＋85

答え　132

② 式　14.3－5.7

答え　8.6

④ ①7.1　②2.67
③79億　④53兆

考え方 定位点のあるけたを一の位として考えます。小数点の計算では、とくに、どこが一の位かをしっかりかくにんしましょう。
① ② 小数第一位とは$\frac{1}{10}$の位をさします。

① ①ⓘ、1
②ⓐ9cm²　　　ⓘ10cm²
② ⓐ1cm²　　　ⓘ1cm²
ⓤ1cm²　　　ⓔ1cm²
③ ①10cm²　　　②12cm²

考え方 **②** 色をぬったところの面積はみな等しくなっています。どの図形も面積は1cm²です。

① ①15cm²　　　②16cm²
③30cm²　　　④16cm²
② 式　3×□＝21
□＝21÷3

答え　7cm

考え方 **②** 長方形の面積は、たて×横で求められるので、横の長さは、21（面積）÷3（たての長さ）で求められます。

① ①27cm²　　　②60cm²
③20cm²　　　④27cm²
⑤24cm²

考え方 **①** ④大きい長方形から、小さい長方形の面積をひいて求めます。

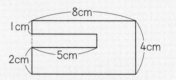

4×8＝32
1×5＝5
32－5＝27

それぞれの面積の求め方は、これ以外の考え方もあります。わかりやすいとき方で求めてかまいません。

53 ☺ 14 面積

❶ ①35m² ②64m²

❷ ①100 ②100 ③10000
④10000

❸ 式 200×90=18000

答え 18000cm²

❹ ① 式 20×30=600

答え 600m²

②6a

考え方 ❶ 面積の単位が変わっても、面積を求める公式が使えます。
長方形の面積＝たて×横
正方形の面積＝1辺×1辺
❸ 平方センチメートル(cm²)の単位で答えを求めるので、単位を cm にそろえます。
1m=100cm なので、2 m=200cm です。

54 ☺ 14 面積

❶ ① 式 800×800=640000

答え 640000m²

②64こ分 ③64ha

❷ 式 2×2=4 答え 4km²

❸ ①100 ②100
③100、10000 ④100

55 ☺ 垂直・平行と四角形／がい数

⭐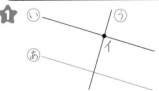

⭐❷ ㋕3 ㋖5 ㋗60
⭐❸ ①10cm ②16cm
③㋕90° ㋖75° ㋗105°
⭐❹ いちばん小さい数…18500
いちばん大きい数…19499

考え方 ❸ ③ひし形の向かい合った角の大きさは同じです。

おうちのかたへ ❷、❸ それぞれの図形の性質を、よく覚えておきましょう。

56 ☺ 式と計算／小数／面積

❶ 式 120−7×16=8

答え 8こ

❷ ①120081 ②30559
③137858 ④421

❸ ①2.08km ②0.069L
③7150g ④458.1cm

❹ ①44m² ②81cm²

考え方 ❸ 小数点の位置をまちがえないようにしましょう。

おうちのかたへ ❶ かけ算を先に計算することを忘れないようにしましょう。

57 ☺ 15 計算のしかたを考えよう

❶ ① 式 [1.3]×[6]
②13 | 7.8
13、6 | 10
7.8 | 78

答え [7.8] L

❷ ① 式 [5.6]÷[4]
②56 | 1.4
56、4 | 1/10
1.4 | 14

答え [1.4] L

考え方 ❶ ②1.3を10倍して整数にして計算し、あとで10でわります。

58 ☺ 16 小数のかけ算とわり算

❶ ①[1]1.[2] ②[6].[3]
③3.9 ④8.5
⑤37.8 ⑥17.4 ⑦4.8 ⑧3.6

❷ 式 2.4×7=16.8

答え 16.8m²

❸ ①[4].[0] ②[6].[0] ③21 ④60

考え方 ❶、❷ 整数×整数と同じように計算し、積の小数点は、小数点より下のけた数が同じになるようにつけます。

❶
① 3.7
×21
37
74
77.7

② 1.8
×16
108
18
28.8

③ 0.5
×24
20
10
12.0

④ 1.2
×14
48
12
16.8

⑤ 2.3
×32
46
69
73.6

⑥ 3.9
×18
312
39
70.2

⑦ 1.7
×19
153
17
32.3

⑧ 8.2
×43
246
328
352.6

⑨ 0.6
×15
30
6
9.0

⑩ 3.9
× 40
156.0

⑪ 2.5
× 80
200.0

❷
① 2.47
× 4
9.88

② 0.16
× 6
0.96

③ 0.02
× 5
0.10

④ 1.56
× 3
4.68

⑤ 0.14
× 7
0.98

⑥ 0.27
× 5
1.35

⑦ 0.05
× 6
0.30

❸ 式 1.75×8＝14   1.75
× 8
14.00
答え 14kg

考え方 ❶ かける数が2けたになっても、整数×整数と同じように計算できます。積の小数点より右の終わりの数が0になったときは、0を消しておきます。

❶
① 1.6
3)4.8
3
18
18
0

② 4.2
2)8.4
8
4
4
0

③ 2.3
16)36.8
32
48
48
0

④ 1.9
4)7.6
4
36
36
0

⑤ 2.5
3)7.5
6
15
15
0

⑥ 2.8
14)39.2
28
112
112
0

92

（右段）

① 1.6
32)51.2
32
192
192
0

⑧ 3.4
19)64.6
57
76
76
0

⑨ 1.3
46)59.8
46
138
138
0

❷ 式 8.4÷6＝1.4
答え 1.4kg

考え方 商の小数点は、わられる数の小数点にそろえてつけます。

❶
① 0.6
7)4.2
42
0

② 0.7
3)2.1
21
0

③ 0.8
8)6.4
64
0

④ 0.3
9)2.7
27
0

⑤ 0.7
6)4.2
42
0

❷
① 0.34
4)1.36
12
16
16
0

② 0.42
7)2.94
28
14
14
0

③ 0.31
6)1.86
18
6
6
0

④ 0.86
3)2.58
24
18
18
0

⑤ 0.47
8)3.76
32
56
56
0

考え方 わられる数がわる数より小さいので、商の一の位には0がたちます。

❶
① 1.95
4)7.80
4
38
36
20
20
0

② 2.375
8)19.000
16
30
24
60
56
40
40
0

③
```
    1.38
5)6.90
  5
  19
  15
   40
   40
    0
```
④
```
    1.25
6)7.50
  6
  15
  12
   30
   30
    0
```
⑤
```
   4.5
4)18.0
  16
   20
   20
    0
```

⑥
```
    1.45
6)8.70
  6
  27
  24
   30
   30
    0
```
⑦
```
   1.8
5)9.0
  5
  40
  40
   0
```
⑧
```
     3.125
8)25.000
  24
   10
    8
   20
   16
    40
    40
     0
```

❷ 式　4.5÷4=1.125　　答え　1.125m

考え方　わられる数に0をつけたしながら、わり切れるまでわり算をします。

63. 16　小数のかけ算とわり算　63ページ

❶ ①
```
      6
    0.56
3)1.7
  15
   20
   18
    2
```
（約0.6）

②
```
      1.54
27)41.6
   27
   146
   135
    110
    108
      2
```
（約1.5）

❷ 式　16.4÷3=5あまり1.4
答え　5ふくろできて、
1.4kgあまる。
```
    5
3)16.4
  15
   14
```

考え方　❷　あまりのある小数のわり算では、商を整数で求めるときは、一の位まで計算します。また、わられる数の小数点にそろえて、あまりに小数点をつけます。

64. 16　小数のかけ算とわり算　64ページ

❶ 式　3.2×3=9.6　　答え　9.6kg
❷ 全部の数…7.6　いくつ分…8
式　7.6÷8=0.95
答え　0.95m
❸ 式　23.6÷2=11.8
答え　11.8mL

考え方　❷　わかっているものは、全体の数といくつ分で、求めているものは、1つ分の数であることを、まず図をかいてかくにんしてみると、計算しやすくなります。

65. 倍の計算(3) ～小数倍～　65ページ

❶ ① 式　24÷6=4
答え　4倍
② 式　9÷6=1.5
答え　1.5倍
③ 式　15÷6=2.5
答え　2.5倍
④ 式　21.6÷6=3.6
答え　3.6倍

考え方　1.5倍は、もとにする数を1とみるとき、くらべられる数が1.5にあたることを表します。

66. 17　分数　66ページ

❶ ①$\frac{1}{4}$、$\frac{1}{4}$　②5、$\frac{5}{4}$

❷ ①2$\frac{4}{5}$、$\frac{14}{5}$　②2$\frac{1}{5}$、$\frac{11}{5}$

❸ ①$\frac{7}{4}$　②$\frac{11}{4}$　③$\frac{13}{9}$　④$\frac{24}{7}$
⑤1$\frac{1}{4}$　⑥1$\frac{2}{3}$　⑦2　⑧3$\frac{1}{2}$

考え方　分子が分母より小さい分数→真分数
分子が分母と等しいか、分子が分母より大きい分数 →仮分数
整数と真分数の和になっている分数→帯分数
❶ 1$\frac{1}{4}$L=$\frac{5}{4}$L
❷ 帯分数で表しても、仮分数で表しても、分母は同じです。1目もりが1の何分の1を表しているかで分母が決まります。

1 ① $\dfrac{3}{6}$、 $\dfrac{4}{8}$、 $\dfrac{5}{10}$ ② $\dfrac{4}{6}$、 $\dfrac{6}{9}$

③ $\dfrac{2}{10}$

2 ① $\dfrac{2}{6}$、 $\dfrac{4}{6}$、 $\dfrac{5}{6}$ ② $\dfrac{6}{10}$、 $\dfrac{6}{9}$、 $\dfrac{6}{7}$

3 ① > ② < ③ > ④ =

考え方 **1** 数直線で、0からの位置が同じところにある分数は、同じ大きさです。

---

1 ① $\dfrac{1}{3}+\dfrac{1}{3}=\dfrac{2}{3}$ ② $\dfrac{2}{9}+\dfrac{7}{9}=1$ $\left(\dfrac{9}{9}\right)$

③ $\dfrac{3}{5}+\dfrac{4}{5}=1\dfrac{2}{5}$ $\left(\dfrac{7}{5}\right)$

④ $\dfrac{5}{7}+\dfrac{6}{7}=1\dfrac{4}{7}$ $\left(\dfrac{11}{7}\right)$

2 ① $1\dfrac{3}{7}+\dfrac{2}{7}=1\dfrac{5}{7}$ $\left(\dfrac{12}{7}\right)$

② $3\dfrac{2}{4}+3\dfrac{1}{4}=6\dfrac{3}{4}$ $\left(\dfrac{27}{4}\right)$

③ $3\dfrac{1}{3}+5\dfrac{1}{3}=8\dfrac{2}{3}$ $\left(\dfrac{26}{3}\right)$

④ $2+1\dfrac{7}{8}=3\dfrac{7}{8}$ $\left(\dfrac{31}{8}\right)$

⑤ $4\dfrac{1}{6}+2\dfrac{4}{6}=6\dfrac{5}{6}$ $\left(\dfrac{41}{6}\right)$

⑥ $1\dfrac{4}{5}+\dfrac{3}{5}=1\dfrac{7}{5}=2\dfrac{2}{5}$ $\left(\dfrac{12}{5}\right)$

⑦ $\dfrac{6}{8}+1\dfrac{7}{8}=1\dfrac{13}{8}=2\dfrac{5}{8}$ $\left(\dfrac{21}{8}\right)$

⑧ $1\dfrac{5}{9}+\dfrac{4}{9}=1\dfrac{9}{9}=2$

考え方 **1** ① 分母が同じ分数のたし算では、分母はそのままにしておいて、分子どうしだけをたします。まちがって分母どうしもたしてしまって、$\dfrac{1}{3}+\dfrac{1}{3}=\dfrac{2}{6}$としないように注意しましょう。

2 ⑥ 分数部分どうしの和 $\dfrac{4}{5}+\dfrac{3}{5}$ が仮分数の $\dfrac{7}{5}$ になったので、整数部分に1くり上げます。整数部分は2に、分数部分は真分数の $\dfrac{2}{5}$ になります。

---

1 ① $\dfrac{8}{9}-\dfrac{1}{9}=\dfrac{7}{9}$

② $\dfrac{7}{5}-\dfrac{3}{5}=\dfrac{4}{5}$

③ $\dfrac{5}{3}-\dfrac{4}{3}=\dfrac{1}{3}$

④ $\dfrac{6}{7}-\dfrac{4}{7}=\dfrac{2}{7}$

2 ① $2\dfrac{2}{3}-1\dfrac{1}{3}=1\dfrac{1}{3}$ $\left(\dfrac{4}{3}\right)$

② $4\dfrac{6}{7}-3\dfrac{2}{7}=1\dfrac{4}{7}$ $\left(\dfrac{11}{7}\right)$

③ $3\dfrac{4}{5}-\dfrac{2}{5}=3\dfrac{2}{5}$ $\left(\dfrac{17}{5}\right)$

3 ① $3\dfrac{2}{5}-2\dfrac{3}{5}=2\dfrac{7}{5}-2\dfrac{3}{5}=\dfrac{4}{5}$

② $1-\dfrac{3}{7}=\dfrac{7}{7}-\dfrac{3}{7}=\dfrac{4}{7}$

③ $5-3\dfrac{3}{4}=4\dfrac{4}{4}-3\dfrac{3}{4}=1\dfrac{1}{4}$ $\left(\dfrac{5}{4}\right)$

考え方 **3** ① 分数部分どうしのひき算ができないので、ひかれる数 $3\dfrac{2}{5}$ を、整数部分から1くり下げて、$2\dfrac{7}{5}$ として計算します。

---

1 ① 正方形、直方体

② 立方体

③ 平面

2 ① ⑦6 ④12 ⑦8

② ⑦2 ④4 ⑦8

考え方 **2** ② は正方形と長方形でかこまれている直方体です。

❶ ① 面カオクキ
② 点セ…点シ　　　　点ケ…点キ
点ア…点ウ、点サ
③ 辺セス…辺シス、辺ケコ…辺キカ

❷ ①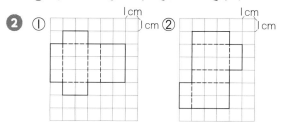

考え方 ❶ 展開図を頭の中で組み立ててみましょう。

❶ ① 面い、面う、面え、面お
② 面う
❷ ① 辺アイ、辺アカ、辺エウ、辺エケ
② 辺イウ、辺キク、辺カケ
❸ ① 辺アカ、辺イキ、辺ウク、辺エケ
② 面アカキイ、面ウエケク
③ 辺アエ、辺アカ、辺カケ、辺エケ

考え方 ❶ 直方体や立方体では、となり合っている2つの面は垂直で、交わらない2つの面は平行です。
1つの面に垂直な面は4こ、平行な面は1こあります。

❶ ①⑦たて（横）　⑦横（たて）　⑦高さ
②1辺　　　　　③見取図
❷ ① 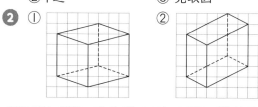 ②

考え方 ❷ 平行な辺は平行に、見えない辺は点線でかきます。

❶ ①4の4、5の4、1の3、5の3、
1の2、2の2、4の2、5の2
②上
❷ ①（5の0の3）　② チューリップ

考え方 ❷ ①旗からケヤキまでのたての道のりは0なので、たては0と表します。

❶ ①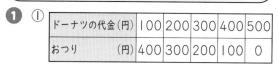

ドーナツの代金(円)	100	200	300	400	500
おつり　　　　(円)	400	300	200	100	0

② □＋○＝500
❷ ①⑦12　⑦18　⑦24　⑤30　⑦36
② 式　6×□＝○
③9cm

考え方 どんな関係があるかを見つけて、式に表しましょう。

❶ ①

だんの数(だん)	1	2	3	4	5	6	7
まわりの長さ(cm)	4	8	12	16	20	24	28

② □×4＝○
③48cm
❷ ①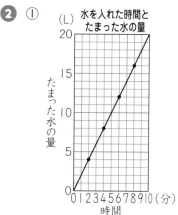

水を入れた時間と
たまった水の量

②10L　　　　　　　③24L

考え方 ❷ ③水を入れ始めてから6分後の水の量は12Lだから、12分後は、12×2＝24（L）と予想できます。

❶ ①いちばん多い日…10日、300人
　　いちばん少ない日…6日、30人
　②11日、37.8℃
　③9日と10日の間、ふえている

考え方 **❶** ① 左のたてのじくが救急車で運ばれた人数を表しています。50人を5等分しているから1目もりは10人です。
② 右のたてのじくが最高気温を表しています。1℃を5等分しているから1目もりは0.2℃です。
③ 最高気温の変わり方は、折れ線グラフの線のかたむきがいちばん大きいところをさがします。

❶ ①5000000000000
　②42000000000000
❷ ①12℃
　② 午前11、午前12
❸ ㋐135°　　　㋑45°
❹ ①126あまり3　　②120あまり4
　③104あまり3　　④3あまり2
　⑤40あまり8　　⑥10あまり30

考え方 **❸** ㋐180°−45°=135°
㋑90°−45°=45°

おうちのかたへ **❷** 気温の変わり方とグラフの線の傾きの関係を、しっかり理解しておきましょう。
❹ 商の一の位の0を書き忘れないようにしましょう。

❶ ㋐5　　㋑3　　㋒4　　㋓28
❷ ㋐100　　㋑4
❸ 式　4000+3000+3000=10000
　　　　答え　約10000円
❹ ①260　　②50　　③70
❺ ①26　　②30

考え方 **❷** ひし形の向かい合った角の大きさは等しくなっています。また、ひし形の4つの辺の長さはみな等しくなっています。
❸ 百の位を切り上げて、多めに計算します。
❹ ②( )の中を先に、たし算とかけ算ではかけ算を先に計算します。
$$18+4\times(34-26)=18+4\times8$$
$$=18+32$$
$$=50$$

おうちのかたへ **❶** 表の中の数字が何を表しているかに注意しましょう。

❶ ①136cm²　　②124m²
❷ 式　8.4÷6=1.4
　　　　　　　　答え　1.4L
❸ ①20.4　　②2　　③0.3　　④421.2
　⑤3.7　　⑥0.2　　⑦1.82
❹ ①3　　②$2\frac{5}{6}$ $\left(\frac{17}{6}\right)$
　③$\frac{7}{9}$　　④$1\frac{7}{8}$ $\left(\frac{15}{8}\right)$
❺ ①辺カキ、辺ケク、辺エウ
　②面アイウエ、面カキクケ

考え方 **❸** ⑦0をつけたしていって、わり切れるまでわり進めます。
❺ 1本の辺に垂直な辺は4本、平行な辺は3本あります。

おうちのかたへ **❸** かけ算は小数点から下のけた数に、わり算は小数点の位置に気をつけましょう。まちがえたらやり直しをして、正しく計算できるようになりましょう。